U0172820

# 《民用建筑设计统一标准》图示

王崇恩　胡川晋　编著

中国建筑工业出版社

图书在版编目（CIP）数据

《民用建筑设计统一标准》图示 / 王崇恩，胡川晋编著.—北京：中国建筑工业出版社，2020.3（2021.5重印）

ISBN 978-7-112-24936-7

Ⅰ.①民… Ⅱ.①王…②胡… Ⅲ.①民用建筑—建筑设计—标准—中国 Ⅳ.①TU24-65

中国版本图书馆CIP数据核字（2020）第039893号

本书主要是将《民用建筑设计统一标准》GB 50352—2019中常用的、内容有所改变的、难于理解存在歧义的、新补充的条文，以文字、图形图像、表格数据等形式，准确、简明地表达出来，为全国建设单位、规划和建筑设计、施工、监理、验收等相关人员以及消防监督人员和建筑设计相关专业的教师和学生等提供一部专门的工具书籍，使该书使用者能够更加直观、准确地理解规范条文的深刻含义。

责任编辑：万 李 张 磊
责任校对：赵 菲

《民用建筑设计统一标准》图示

王崇恩 胡川晋 编著

*

中国建筑工业出版社出版、发行（北京海淀三里河路9号）

各地新华书店、建筑书店经销

北京点击世代文化传媒有限公司制版

北京建筑工业印刷厂印刷

*

开本：787×1092 毫米 1/16 印张：13½ 字数：356 千字

2020年6月第一版 2021年5月第五次印刷

定价：59.00 元

ISBN 978-7-112-24936-7

（37323）

# 前　　言

　　《民用建筑设计统一标准》GB 50352—2019 是根据住房和城乡建设部《关于印发〈2014 年工程建设标准规范制订、修订计划〉的通知》(建标 [2013]169 号)的要求，编制组经广泛调查研究，认真总结实践经验，参考有关国外先进标准，并在广泛征求意见的基础上对国家标准《民用建筑设计通则》GB 50352—2005 进行全面修订，修编改名为《民用建筑设计统一标准》。对民用建筑更加符合适用、经济、绿色、美观的建筑方针，满足安全、卫生、环保等基本要求，统一各类民用建筑的通用设计要求具有十分重要的意义。本标准涉及面更为广泛、更加深入，广大建筑从业者对于条文理解也出现了更多问题。因此，编制这样一本《民用建筑设计统一标准》图示十分必要!

　　本书主要是将《民用建筑设计统一标准》GB 50352—2019 中常用的、内容有所改变的、难于理解存在歧义的、新补充的条文，以文字、图形图像、表格数据等形式，准确、简明地表达出来，为全国建设单位、规划和建筑设计、施工、监理、验收等相关人员以及消防监督人员和建筑设计相关专业的教师和学生等提供一部专门的工具书籍，使该书使用者能够更加直观、准确地理解规范条文的深刻含义。

　　本书内容包括:民用建筑分类、设计使用年限、建筑气候分区对建筑基本要求、建筑与环境、建筑模数以及防灾避难的基本要求;规划控制中的城乡规划及城市设计、建筑基地、建筑突出物、建筑连接体及建筑高度的基本要求;场地设计中的建筑布局、道路与停车场、竖向、绿化、工程管线布置的基本要求;建筑物设计中的建筑标定人数的确定、平面布置、层高和室内净高、地下室和半地下室、设备层避难层和架空层、厕所卫生间盥洗室浴室和母婴室、台阶坡道和栏杆、楼梯、电梯自动扶梯和自动人行道、墙身和变形缝、门窗、建筑幕墙、楼地面、屋面、吊顶、管道井烟道和通风道、室内外装修的基本要求;室内环境中的光环境、通风、热湿环境和声环境的基本要求;建筑设备中的给水排水、暖通空调、建筑电气、燃气等基本要求。

　　本书由太原理工大学建筑学院王崇恩教授、胡川晋讲师负责编写，马权明工程师负责审核。在编写过程中借鉴了专家、学者相关论文、论著等内容，在此表示衷心的感谢! 此外，太原理工大学建筑学院王砚琪、胡燕琪、杨艺、武志琳、宋昊、杨文杰、梁毅、李宝文、张戎戈、赵睿、原楠等参与了编写，在此表示衷心的感谢!

　　鉴于本书涉及内容广泛、专业性强，编者尽量客观、严谨、全面地对《民用建筑设计统一标准》条文进行了表达。希望书籍使用者在参照学习的过程中予以批评和指正。

# 目　录

# 编 制 说 明

## 1 编制依据

住房和城乡建设部建质【2019】第 57 号文 "关于发布国家标准《民用建筑设计统一标准》的公告"。现批准《民用建筑设计统一标准》GB 50352—2019 自 2019 年 10 月 1 日起实施。其中，第 4.3.1、6.7.4、6.8.6、6.8.9 条为强制性条文，必须严格执行。原国家标准《民用建筑设计通则》GB 50352—2005 同时废止。

## 2 适用范围

本图集可供全国建设单位、规划和建筑设计、施工、监理、验收等相关人员以及消防监督人员配合规范使用，并可作为建筑设计相关专业的教师和学生对这部分内容教学的参考。

## 3 编制原则

将《民用建筑设计统一标准》GB 50352—2019 的部分条文通过图示表格等形式表示出来，力求简明、准确地反映《民用建筑设计统一标准》GB 50352—2019 的原意，以便于使用者更好地理解和执行《民用建筑设计统一标准》GB 50352—2019。

## 4 编制方式

4.1 本图集以《民用建筑设计统一标准》GB 50352—2019 的条文为依据，图示内容按《民用建筑设计统一标准》GB 50352—2019 条文的顺序排列。

4.2 图示表达

4.2.1 灰底部分是对《民用建筑设计统一标准》GB 50352—2019 原文（包括章节编号等）、条文说明的直接引用。

4.2.2 白底部分为图示内容及其他参考现行国家标准。图示内容是对《民用建筑设计统一标准》GB 50352—2019 条文的理解和注释，字体采用宋体。

4.3 "（×.×.× 图示）或（×.×.× 图示 ×）"为本图集在《民用建筑设计统一标准》GB 50352—2019 条文相应处加注的图示对应编号。

4.4 "条文说明"为本图集在《民用建筑设计统一标准》GB 50352—2019 条文相应处引用的条文说明的注解。

4.5 "注释"是编制单位对《民用建筑设计统一标准》GB 50352—2019 条文所包含内容的说明，提示设计中应注意的问题或该条目的适用范围。

4.6 对规范条文的解释图示内容较多时，采用续页的编排方式。

# 1 总则

**1.0.1** 为使民用建筑符合适用、经济、绿色、美观的建筑方针，满足安全、卫生、环保等基本要求，统一各类民用建筑的通用设计要求，制定本标准。

**【条文说明】**

　　1.0.1　根据住房和城乡建设部建标[2013]169号文的要求，对国家标准《民用建筑设计通则》GB 50352-2005进行全面修订。本标准是在原《民用建筑设计通则》（以下简称原《通则》）基础上修编改名为《民用建筑设计统一标准》。原《通则》自实施以来，在标准编制、工程设计、标准设计等方面起到了至关重要的作用。随着国家经济技术发展和进步，人民生活水平的不断提高，21世纪初期对各项民用建筑工程在功能和质量上有了更高、更新的要求，节能、绿色理念的强化，使得建筑形式越来越多样化、功能复杂化、综合化，加之新材料、新技术也不断涌现，因此需要对原标准进行修订，作为各类民用建筑设计和民用建筑设计标准编制必须遵守的共同规则的重要通用标准，以保障民用建筑工程使用功能和质量，确保建筑物使用中的人民生命财产安全和身体健康，维护公共利益，保护环境，促进社会的可持续发展。本着"增、留、删、改"四原则对原《通则》进行修订。

**1.0.2** 本标准适用于新建、扩建和改建的民用建筑设计。

**【条文说明】**

　　1.0.2　本标准适用于新建、扩建和改建的民用建筑设计。由于国民经济的发展，我国城乡经济和技术水平都有了很大提高，无论是城市还是村镇，对民用建筑工程质量都不能放松。本标准作为国家标准应适用于城乡。乡镇建筑规模小、标准低，但本标准的日照、通风、采光、隔声等规定在乡镇广大地区更容易做到，地方上也可根据本标准内容和具体情况制订地方标准或实施细则。

**1.0.3** 民用建筑设计除应执行国家有关法律、法规外，尚应符合下列规定：

　1　应按可持续发展的原则，正确处理人、建筑和环境的相互关系。

　2　必须保护生态环境，防止污染和破坏环境。

　3　应以人为本，满足人们物质与精神的需求。

　4　应贯彻节约用地、节约能源、节约用水和节约原材料的基本国策。

　5　应满足当地城乡规划的要求，并与周围环境相协调。宜体现地域文化、时代特色。

　6　建筑和环境应综合采取防火、抗震、防洪、防空、抗风雪和雷击等防灾安全措施。

　7　应在室内外环境中提供无障碍设施，方便行动有障碍的人士使用。

　8　涉及历史文化名城名镇名村、历史文化街区、文物保护单位、历史建筑和风景名胜区、自然保护区的各项建设，应符合相关保护规划的规定。

**【条文说明】**

　　1.0.3　根据原《通则》中的设计基本原则和现代要求，加以补充和发展。如人、建筑、环境的相互关系，是可持续发展的要求；体现以人为本原则等，这些要求无量的指标，但作为设计的重要理念和原则，不可忽视。国家有关的工程建设的法律、法规主要是指《建筑法》《城乡规划法》《建设工程质量管理条例》《建设工程勘察设计管理条例》等。根据《城乡规划法》，将第5款改为"满足当地城乡规划的要求"，强调本标准适用于城市和乡村。为了打破当前城市风貌"千城一面"、建筑缺乏地域特色等问题，增加了"宜体现地域文化、时代特色"的要求。

**1.0.4** 民用建筑设计除应符合本标准外，尚应符合国家现行有关标准的规定。

# 2 术语

**2.0.1 民用建筑 civil building**

供人们居住和进行公共活动的建筑的总称。

**2.0.2 居住建筑 residential building**

供人们居住使用的建筑。【图示 1】

**2.0.3 公共建筑 public building**

供人们进行各种公共活动的建筑。【图示 2】

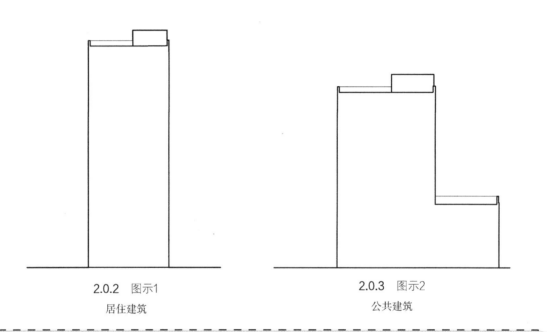

2.0.2　图示1
居住建筑

2.0.3　图示2
公共建筑

**2.0.4 无障碍设施 accessibility facilities**

保障人员通行安全和使用便利，与民用建筑工程配套建设的服务设施。
【图示 1 ~ 图示 5】

1. 残疾人坡道

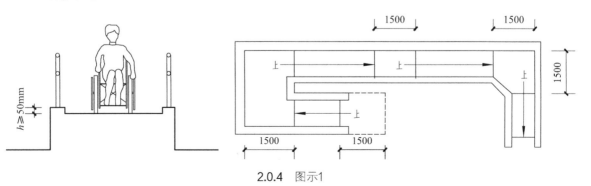

2.0.4　图示1

残疾人轮椅用坡道平面图及入口坡道剖面（单位：mm）

## 2. 入口处平台

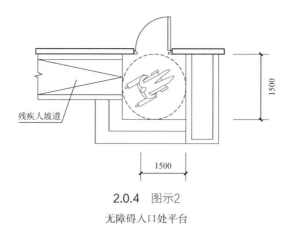

残疾人坡道

1500

1500

2.0.4　图示2

无障碍入口处平台

## 3. 门厅和过厅

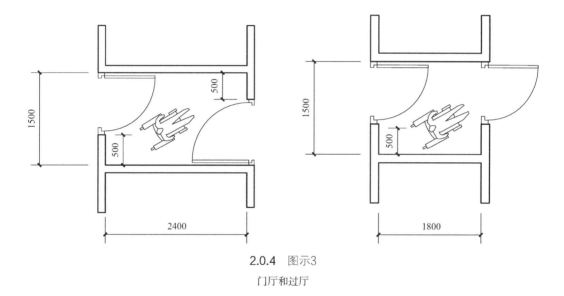

500

1500

500

2400

1500

500

1800

2.0.4　图示3

门厅和过厅

## 4. 无障碍门

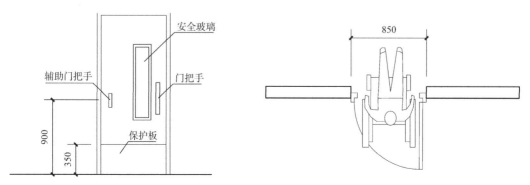

安全玻璃

辅助门把手

门把手

保护板

900

350

850

2.0.4　图示4

无障碍门

5. 无障碍坐便安全抓杆

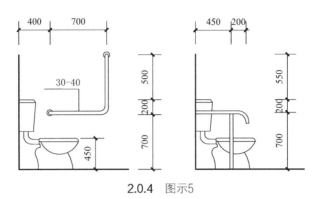

2.0.4　图示5

无障碍坐便器两侧固定式安全抓杆

**2.0.5　建筑基地　construction site**

　　根据用地性质和使用权属确定的建筑工程项目的使用场地。【图示】

**2.0.6　道路红线　boundary line of roads**

　　城市道路（含居住区级道路）用地的边界线。【图示】

**2.0.7　用地红线　property line**

　　各类建设工程项目用地使用权属范围的边界线。【图示】

**2.0.8　建筑控制线　building line**

　　规划行政主管部门在道路红线、建设用地边界内，另行划定的地面以上建（构）筑物主体不得超出的界线。【图示】

【提示】

建筑控制线多指建筑物基地位置的控制线。

各地城市规划行政主管部门为了城市规划需要，常在用地红线范围内另行规定建筑控制线。

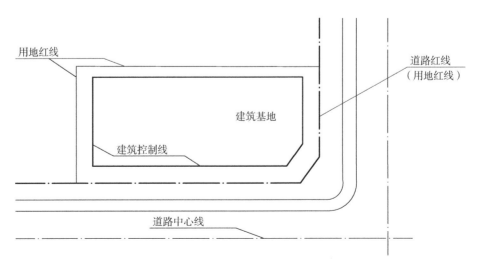

2.0.5～2.0.8　图示

**2.0.9 建筑密度 building density；building coverage ratio**
在一定用地范围内，建筑物基底面积总和与总用地面积的比率（%）。【图示】

【提示】
"用地面积"指详细规划确定的一定范围内的用地面积

$$建筑密度 = \frac{建筑基地面积总和 \, S_0}{用地面积 \, A} = S_0/A \times 100\%$$

用地面积 $A$：规划确定的用地红线范围内的面积

建筑基底面积总和 $S_0$：$S_0 = S_1 + S_2 + S_3 + S_4 + S_5$　式中　$S_0$——各建筑基底面积之和；$S_1 \sim S_5$——每栋建筑基底面积

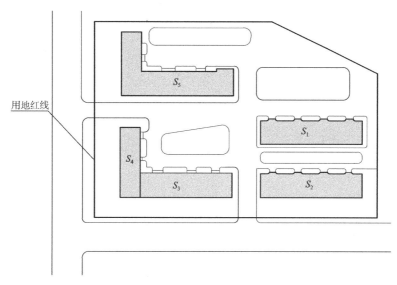

用地红线

2.0.9　图示

**2.0.10 容积率 plot ratio；floor area ratio**
在一定用地及计容范围内，建筑面积总和与用地面积的比值。【图示】

【提示】
容积率主要反映用地的开发强度，由城市规划确定。通常"建筑面积总和"指地上部分建筑面积总和、"用地面积"指详细规划确定的一定用地范围内的面积；但国内有个别城市，根据当地具体情况，是以地上和地下的建筑面积总和来计算的。地面架空层是否计入总建筑面积，按各地区规划行政主管部门的规定办理。

$$容积率 = \frac{建筑面积总和}{用地面积} = S/A$$

建筑面积：$S_1$，$S_2$，$S_3$，$S_4$，$S_5$

建筑面积总和：$S = S_1 + S_2 + S_3 + S_4 + S_5$

用地面积：$A$

各种建筑的建筑面积按《建筑工程建筑面积计算规范》GB/T 50353-2013 的规定计算。

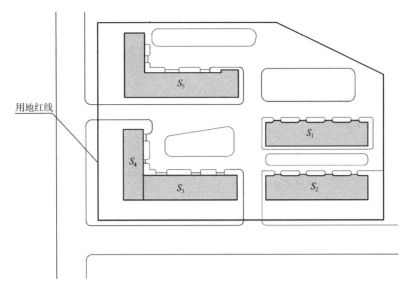

2.0.10 图示

**2.0.11 绿地率 greening rate**
在一定用地范围内，各类绿地总面积占该用地总面积的比率（%）。【图示】

【提示】
绿地率中的"地区总面积"为独立开发地区（如城市新区、居住区、工业区）。绿地率不同于绿化覆盖率，后者包括树冠覆盖的范围和屋面绿化。地下室（或半地下室）上有覆土层的是否计入绿地面积，各地区有不同规定。因此，应根据各地规划行政主管部门的具体规定来计算绿地面积。
居住区用地范围内各绿地应包括公共绿地、宅旁绿地、公共服务设施所属绿地、道路绿地，其中包括满足当地植树绿化覆土要求的地下或半地下建筑的屋顶绿化，不应包括其他屋顶、晒台的人工绿化。

$$绿地率 = \frac{各类绿地面积}{地区总面积} \times 100\%$$

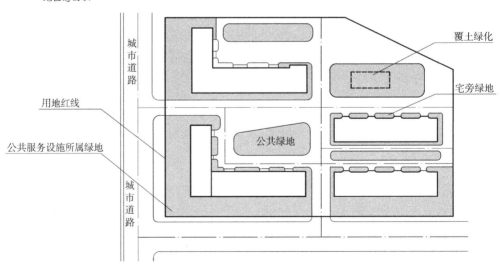

2.0.11 图示

**2.0.12 日照标准 insolation standard**

　　根据建筑物所处的气候区、城市规模和建筑物的使用性质确定的，在规定的日照标准日（冬至日或大寒日）的有效日照时间范围内，以有日照要求楼层的窗台面为计算起点的建筑外窗获得的日照时间。【图示】

**【提示】**

1. 有效日照时间带系根据日照强度与日照环境所确定。在同样的环境下大寒日上午 8 时的阳光强度和环境效果与冬至日上午 9 点接近。

2.《城市居住区规划设计规范》GB 50180—2018 第 4.0.9 条对住宅的日照标准有明确规定（见表 2.0.12）。

3.《民用建筑设计通则》对建筑日照标准有明确规定。

5.1.3　建筑日照标准应符合下列要求：

　　1　每套住宅至少应有一个居室空间获得日照，该日照标准应符合现行国家标准《城市居住区规划设计规范》GB 50180 的有关规定；

　　2　宿舍半数以上的居室，应能获得同住宅居住空间相等的日照标准；

　　3　托儿所，幼儿园的主要生活用房，应能获得冬至日不小于 3h 的日照标准；

　　4　老年人住宅、残疾人住宅的卧室、起居室，医院、疗养院半数以上的病房和疗养室，中小学半数以上的教室应能获得冬至日不小于 2h 的日照标准。

**住宅建筑日照标准**　　　　　　　　　　　　　　　　　　　　　　表2.0.12

| 建筑气候区别 | I、II、III、VII气候区 | | IV气候区 | | V、VI气候区 |
|---|---|---|---|---|---|
| 城区常住人口（万人） | ≥ 50 | < 50 | ≥ 50 | < 50 | 无限定 |
| 日照标准日 | 大寒日 | | | | 冬至日 |
| 日照时数（h） | ≥ 2 | | ≥ 3 | | ≥ 1 |
| 有效日照时间带（当地真太阳时） | 8时 ~ 16时 | | | | 9时 ~ 15时 |
| 计算起点 | 底层窗台面 | | | | |

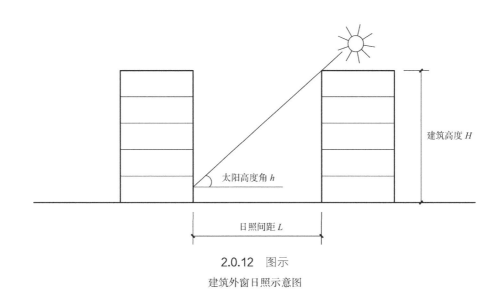

2.0.12　图示

建筑外窗日照示意图

**2.0.13 层高 storey height**

建筑物各层之间以楼、地面面层（完成面）计算的垂直距离，屋顶层由该层楼面面层（完成面）至平屋面的结构面层或至坡顶的结构面层与外端外皮延长线的交点计算的垂直距离。【图示1】【图示2】

【提示】

顶层的层高计算有几种情况，当为平地屋顶时，因屋面有保温隔热层和防水层等，其厚度变化比较大，不便确定，故以该层楼面面层（完成面）至屋面结构面层的垂直距离来计算。当为坡顶时，则以坡向低处的结构面层与外墙外皮延长线的交点作为计算点。平屋面有结构找坡时，以坡向最低点计算。

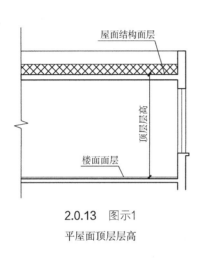

2.0.13 图示1

平屋面顶层层高

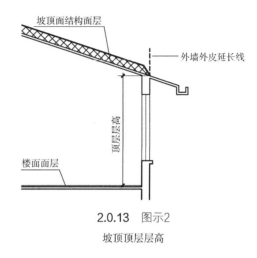

2.0.13 图示2

坡顶顶层层高

**2.0.14 室内净高 interior clear height**

从楼、地面面层（完成面）至吊顶或楼盖、屋盖底面之间的有效使用空间的垂直距离。【图示1】【图示2】

【提示】

室内净高中的有效使用空间是指不影响使用要求的空间净高，有时是算至楼板的底面，有时是算至梁底面，有时是算至屋架下悬构件的下缘，或算至下悬管道的下缘。【图示3】【图示4】

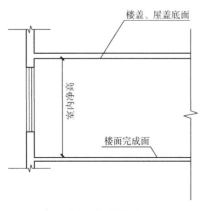

2.0.14 图示1

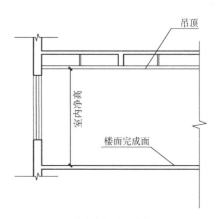

2.0.14 图示2

【提示】
室内净高中的有效使用空间是指不影响使用要求的空间净高，有时是算至楼板的底面，有时是算至梁底面，有时是算至屋架下悬构件的下缘，或算至下悬管道的下缘。【图示3】【图示4】

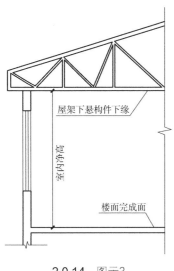

2.0.14　图示3

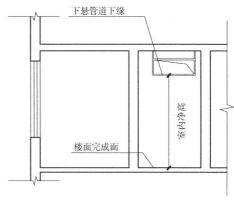

2.0.14　图示4

2.0.15　地下室 basement
　　房间地平面低于室外地平面的高度超过该房间净高的1/2者为地下室。【图示】
2.0.16　半地下室 semi-basement
　　房间地平面低于室外地平面的高度超过该房间净高的1/3，且不超过1/2者为半地下室。【图示】

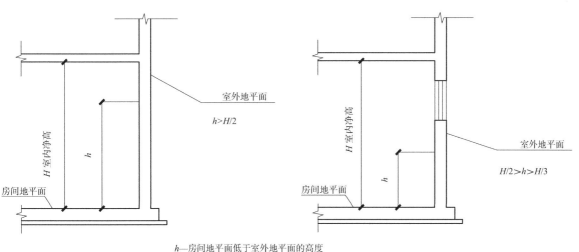

h—房间地平面低于室外地平面的高度
H—地下室或半地下室室内净高

2.0.15　图示
地下室

2.0.16　图示
半地下室

**2.0.17 设备层 equipment floor**

建筑物中专为设置暖通、空调、给水排水和电气等的设备和管道且供人员进入操作用的空间层。【图示】

**2.0.18 避难层 refuge storey**

在高度超过 100.0m 的高层建筑中,用于人员在火灾时暂时躲避火灾及其烟气危害的楼层。【图示】

**2.0.19 架空层 open floor**

用结构支撑且无外围护墙体的开敞空间。【图示】

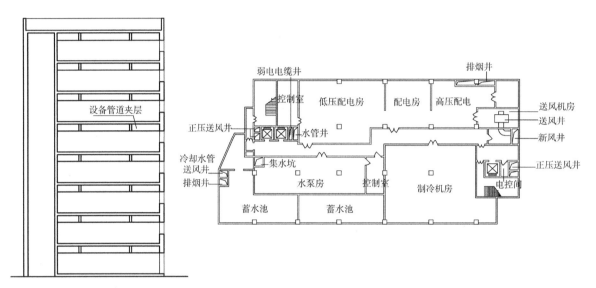

2.0.17 图示

设备管道夹层图及建筑设备层平面位置示意图

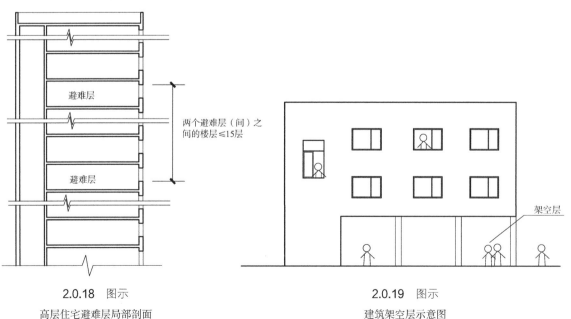

2.0.18 图示

高层住宅避难层局部剖面

2.0.19 图示

建筑架空层示意图

**2.0.20　台阶 step**
　　连接室外或室内的不同标高的楼面、地面,供人行的阶梯式交通道。【图示】

**2.0.21　临空高度 the vertical height between two open space**
　　相邻开敞空间有高差时,上下楼地面之间的垂直距离。【图示】

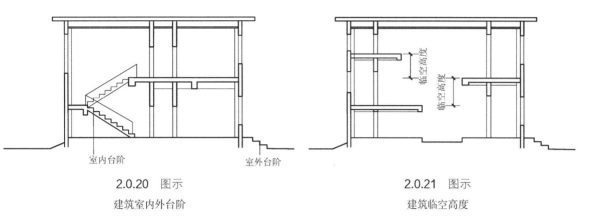

2.0.20　图示
建筑室内外台阶

2.0.21　图示
建筑临空高度

**2.0.22　坡道 ramp**
　　连接室外或室内的不同标高的楼面、地面,供人行或车行的斜坡式交通道。【图示】

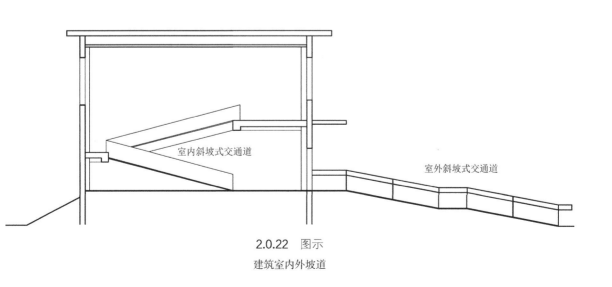

2.0.22　图示
建筑室内外坡道

**2.0.23 栏杆 railing**

　　具有一定的安全高度，用以保障人身安全或分隔空间用的防护分隔构件。【图示】

**2.0.24 楼梯 stair**

　　由连续行走的梯级、休息平台和维护安全的栏杆（或栏板）、扶手以及相应的支承结构组成的作为楼层之间垂直交通用的建筑部件。【图示】

2.0.23　图示

栏杆示意图

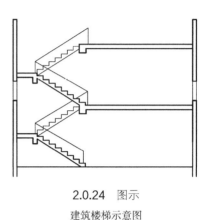

2.0.24　图示

建筑楼梯示意图

**2.0.25 变形缝 deformation joint**

　　为防止建筑物在外界因素作用下，结构内部产生附加变形和应力，导致建筑物开裂、碰撞甚至破坏而预留的构造缝，包括伸缩缝、沉降缝和抗震缝。【图示】

**2.0.26 建筑幕墙 building curtain wall**

　　由面板与支承结构体系（支承装置与支承结构）组成的可相对主体结构有一定位移能力或自身有一定变形能力、不承担主体结构所受作用的建筑外围护墙。【图示】

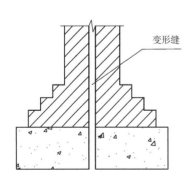

2.0.25　图示

变形缝示意图

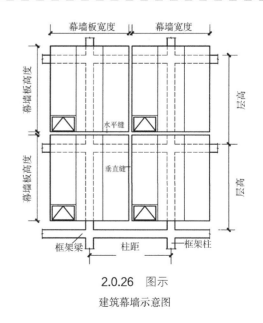

2.0.26　图示

建筑幕墙示意图

**2.0.27 吊顶 suspended ceiling**

悬吊在房屋屋顶或楼板结构下的顶棚。【图示】

**2.0.28 管道井 pipe shaft**

建筑物中用于布置竖向设备管线及设备的竖向井道。【图示】

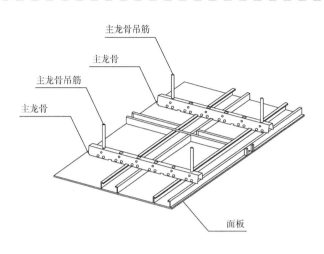

2.0.27 图示

吊顶示意图

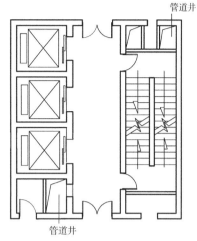

2.0.28 图示

管道井示意图

**2.0.29 烟道 smoke uptake;smoke flue**

排放各种烟气的管道、井道。【图示】

**2.0.30 通风道 air shaft**

排除室内不良气体或者输送新鲜空气的管道、井道。【图示】

**2.0.31 装修 decoration;finishing**

以建筑物主体结构为依托，对建筑内、外空间进行的细部加工和艺术处理。

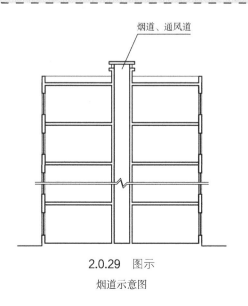

2.0.29 图示

烟道示意图

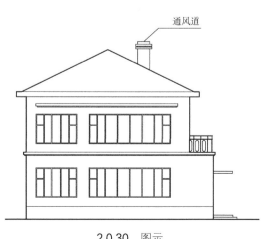

2.0.30 图示

通风道示意图

**2.0.32 采光 daylighting**

为保证人们生活、工作或生产活动具有适宜的光环境，使建筑物内部使用空间取得的天然光照度满足使用、安全、舒适、美观等要求的措施。【图示】

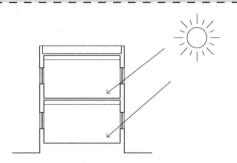

2.0.32 图示
建筑采光示意图

**2.0.33 采光系数 daylight factor**

在室内给定平面上的一点，由直接或间接地接收来自假定和已知天空亮度分布的天空漫射光而产生的照度与同一时刻该天空半球在室外无遮挡水平面上产生的天空漫射光照度之比。【图示】

【提示】

据《建筑采光设计标准》GB/T 50033—2013 室内一点的采光系数用下式计算

$C = E_n/E_w \times 100\%$

$C$——室内某一点采光系数；

$E_n$——室内照度（lx）；

$E_w$——室外照度（lx）。

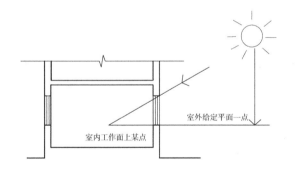

2.0.33 图示
建筑室内外照度示意图

**2.0.34 采光系数标准值 standard value of daylight factor**

在规定的室外天然光设计照度下，满足视觉功能要求时的采光系数值。

【提示】

据《建筑采光设计标准》GB/T 50033—2013 各采光等级参考平面上的采光标准应符合表2.0.34规定。

采光系数标准

表2.0.34

| 采光等级 | 侧面采光 | | 顶部采光 | |
|---|---|---|---|---|
| | 采光系数标准值（%） | 室内天然光照度标准值（lx） | 采光系数标准值（%） | 室内天然光照度标准值（lx） |
| Ⅰ | 5 | 750 | 5 | 750 |
| Ⅱ | 4 | 600 | 3 | 450 |
| Ⅲ | 3 | 450 | 2 | 300 |
| Ⅳ | 2 | 300 | 1 | 150 |
| Ⅴ | 1 | 150 | 0.5 | 75 |

**2.0.35 通风 ventilation**

为保证人们生活、工作或生产活动具有适宜的空气环境，采用自然或机械方法，对建筑物内部使用空间进行换气，使空气质量满足卫生、安全、舒适等要求的技术。【图示】

**2.0.36 噪声 noise**

影响人们正常生活、工作、学习、休息，甚至损害身心健康的外界干扰声。

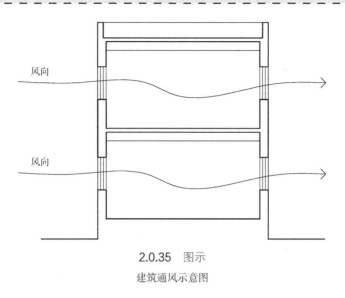

2.0.35 图示
建筑通风示意图

**2.0.37 建筑连接体 building connection**

跨越道路红线、建设用地边界建造，连接不同用地之间地下或地上的建筑物。【图示】

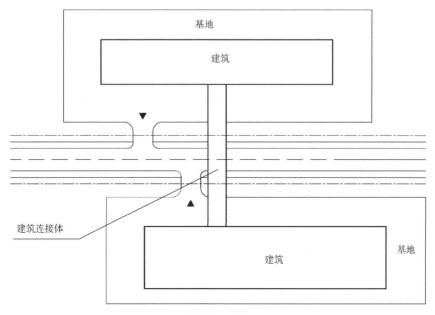

2.0.37 图示
建筑连接体示意图

# 3 基本规定

【条文说明】

 3.1.1 民用建筑分类因目的不同而有多种分法,如按防火、等级、规模、收费等不同要求有不同的分法。本标准按使用功能分为居住建筑和公共建筑两大类,其中居住建筑包括住宅建筑和宿舍。

### 民用建筑按地上建筑高度或层数分类     表3.1.2(1)

| | 居住建筑 | 公共建筑 |
|---|---|---|
| 低层或多层民用建筑 | ≤ 27m | ≤ 24m<br>> 24m 的单层 |
| 高层民用建筑 | > 27m | > 24m 的非单层公共<br>且 ≤ 100m |
| 超高层建筑 | > 100m | |

【条文说明】

 3.1.2 民用建筑高度和层数的分类主要是按照现行国家标准《建筑设计防火规范》GB 50016和《城市居住区规划设计标准》GB 50180来划分的。当建筑高度是按防火标准分类时,其计算方法按现行国家标准《建筑设计防火规范》GB 50016执行。一般建筑按层数划分时,公共建筑和宿舍建筑1~3层为低层,4~6层为多层,大于等于7层为高层;住宅建筑1~3层为低层,4~9层为多层,10层及以上为高层。【见表3.1.2(2)】

### 民用建筑按层数划分     表3.1.2(2)

| | 公共建筑 | 住宅建筑 |
|---|---|---|
| 低层(层) | 1~3层 | 1~3层 |
| 多层(层) | 4~6层 | 4~9层 |
| 高层(层) | ≥7层 | ≥10层 |

【条文说明】

 3.1.3 民用建筑等级划分因行业不同而有所不同,不宜在本标准内作统一规定。在专用建筑设计标准中结合行业主管部门要求来划分,如交通建筑中一般将汽车客运站的大小划为一级至五级,体育场馆按举办运动会的性质划为特级至丙级,档案馆按行政级别划分为特级至乙级,有的只按规模大小划为特大型至小型来提出要求,而无等级之分。因此,本标准不作统一规定等级划分标准,设计时应符合有关标准或行业主管部门的规定。

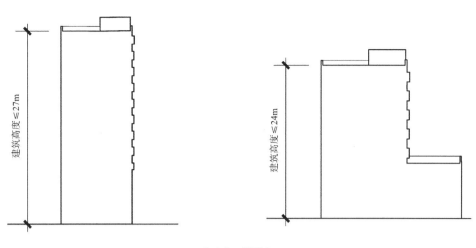

3.1.2 图示1

低层或多层民用建筑

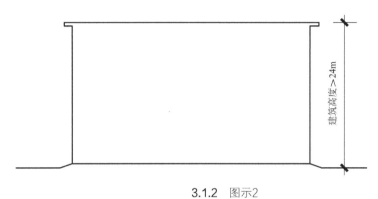

3.1.2 图示2

低层或多层民用建筑

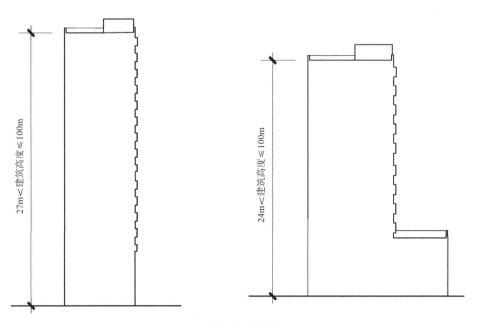

3.1.2 图示3

高层民用建筑

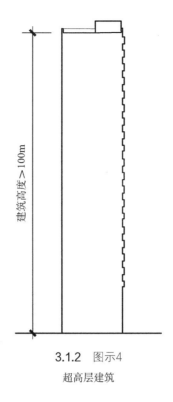

3.1.2 图示4

超高层建筑

## 3.2 设计使用年限

**3.2.1** 民用建筑的设计使用年限应符合表 3.2.1 的规定。见表 3.2.1

设计使用年限分类 表3.2.1

| 类别 | 设计使用年限（年） | 示例 |
|:---:|:---:|:---:|
| 1 | 5 | 临时性建筑 |
| 2 | 25 | 易于替换结构构件的建筑 |
| 3 | 50 | 普通建筑和构筑物 |
| 4 | 100 | 纪念性建筑和特别重要的建筑 |

注：此表依据《建筑结构可靠性设计统一标准》GB 50068，并与其协调一致。

## 3.3 建筑气候分区对建筑基本要求

3.3.1 建筑气候分区对建筑的基本要求应符合表 3.3.1 的规定。见表 3.3.1

**不同区划对建筑的基本要求**　　　　　　　　　　　　　表3.3.1

| 建筑气候区划名称 | | 热工区划名称 | 建筑气候区划主要指标 | 建筑基本要求 |
|---|---|---|---|---|
| I | I A<br>I B<br>I C<br>I D | 严寒地区 | 1月平均气温≤ -10℃<br>7月平均气温≤ 25℃<br>7月平均相对湿度≥ 50% | 1. 建筑物必须充分满足冬季保温、防寒、防冻等要求;<br>2. I A、I B 区应防止冻土、积雪对建筑物的危害;<br>3. I B、I C、I D 区的西部,建筑物应防冰雹、防风沙 |
| II | II A<br>II B | 寒冷地区 | 1月平均气温 -10 ~ 0℃<br>7月平均气温 18 ~ 28℃ | 1. 建筑物应满足冬季保温、防寒、防冻等要求,夏季部分地区应兼顾防热;<br>2. II A 区建筑物应防热、防潮、防暴风雨,沿海地带应防盐雾侵蚀 |
| III | III A<br>III B<br>III C | 夏热冬冷地区 | 1月平均气温 0 ~ 10℃<br>7月平均气温 25 ~ 30℃ | 1. 建筑物应满足夏季防热、遮阳、通风降温要求,并应兼顾冬季防寒;<br>2. 建筑物应满足防雨、防潮、防洪、防雷电等要求;<br>3. III A 区应防台风、暴雨袭击及盐雾侵蚀;<br>4. III B、III C 区北部冬季积雪地区建筑物的屋面应有防积雪危害的措施 |
| IV | IV A<br>IV B | 夏热冬暖地区 | 1月平均气温＞ 10℃<br>7月平均气温 25 ~ 29℃ | 1. 建筑物必须满足夏季遮阳、通风、防热要求;<br>2. 建筑物应防暴雨、防潮、防洪、防雷电;<br>3. IV A 区应防台风、暴雨袭击及盐雾侵蚀 |
| V | V A<br>V B | 温和地区 | 1月平均气温 0 ~ 13℃<br>7月平均气温 18 ~ 25℃ | 1. 建筑物应满足防雨和通风要求;<br>2. V A 区建筑物应注意防寒,V B 区应特别注意防雷电 |
| VI | VI A<br>VI B | 严寒地区 | 1月平均气温 0 ~-22℃<br>7月平均气温＜ 18℃ | 1. 建筑物应充分满足保温、防寒、防冻的要求;<br>2. VI A、VI B 区应防冻土对建筑物地基及地下管道的影响. 并应特别注意防风沙;<br>3. VI C 区的东部,建筑物应防雷电 |
| | VI C | 寒冷地区 | | |
| VII | VII A<br>VII B<br>VII C | 严寒地区 | 1月平均气温 -5 ~-20℃<br>7月平均气温≥ 18℃<br>7月平均相对湿度＜ 50% | 1. 建筑物必须充分满足保温、防寒、防冻的要求;<br>2. 除VII D 区外,应防冻土对建筑物地基及地下管道的危害;<br>3. VII B 区建筑物应特别注意积雪的危害;<br>4. VII C 区建筑物应特别注意防风沙,夏季兼顾防热;<br>5. VII D 区建筑物应注意夏季防热,吐鲁番盆地应特别注意隔热、降温 |
| | VII D | 寒冷地区 | | |

**【条文说明】**

3.3.1 本条是根据现行国家标准《建筑气候区划标准》GB 50178 和《民用建筑热工设计规范》GB 50176 综合而成的,明确各气候分区对建筑的基本要求。中国现有关于建筑的气候分区主要依据现行国家标准《建筑气候区划标准》GB 50178 的建筑气候区划和《民用建筑热工设计规范》GB 50176 的建筑热工设计分区。建筑气候区划反映的是建筑与气候的关系,主要体现在各个气象基本要素的时空分布特点及其对建筑的直接作用。适用范围更广,涉及的气候参数更多。建筑气候区划以累年1月和7月平均气温、7月平均相对湿度等作为主要指标,以年降水量、年日平均气温≤ 5℃和≥ 25℃的天数等作为辅助指标,将全国分成7个1级区。建筑热工分区反映的是建筑热工设计与气候的关系,主要体现在气象基本要素对建筑物及围护结构的保温隔热设计的影响。考虑的因素较少、较为简单。建筑热工设计分区用累年最冷月(即1月)和最热月(即7月)平均温度作为分区主要指标,累年日平均温度≤ 5℃和≥ 25℃的天数作为辅助指标,将全国划分成5个区,即严寒、寒冷、夏热冬冷、夏热冬暖和温和地区,并提出相应的设计要求。由于建筑热工设计分区和建筑气候一级区划的主要分区指标一致,因此,两者的区划是相互兼容、基本一致的。建筑热工设计分区中的严寒地区,包含建筑气候区划图中的全部 I 区,以及VI区中的VI A、VI B,VII区中的VII A、VII B、VII C;寒冷地区,包含建筑气候区划图中的全部 II 区,以及VI区中的VI C,VII区中的VII D;夏热冬冷、夏热冬暖、温和地区与建筑气候区划图中的III、IV、V 区完全一致。

由于建筑热工在建筑功能中具有重要的地位,并有形象的地区名,故将其一并对应列出。

## 3.4 建筑与环境

**3.4.1** 建筑与自然环境的关系应符合下列规定：【图示】

1 建筑基地应选择在地质环境条件安全，且可获得天然采光、自然通风等卫生条件的地段；

2 建筑应结合当地的自然与地理环境特征，集约利用资源，严格控制对自然和生态环境的不利影响；

3 建筑周围环境的空气、土壤、水体等不应构成对人体的危害。

**3.4.2** 建筑与人文环境的关系应符合下列规定：

1 建筑应与基地所处人文环境相协调；【图示1】

2 建筑基地应进行绿化，创造优美的环境；【图示1】

3 对建筑使用过程中产生的垃圾、废气、废水等废弃物应妥善处理，并应有效控制噪声、眩光等的污染，防止对周边环境的侵害。【图示2】

【条文说明】

环境即包括以大气、水、土壤、植物、动物、微生物等为内容的物质因素，也包括以观念、制度、行为准则等为内容的非物质因素；既包括自然因素，也包括人为因素；既包括非生命体形式，也包括生命体形式。环境是相对于某个主体而言的，主体不同，环境的大小、内容等也就不同。狭义的环境，如环境问题中的"环境"一词，往往指向对于人类这个主体而言的一切自然环境要素的总和。

建筑设计需考虑的环境包含自然环境与人文环境（包含了社会、文化、宗教等因素）。建筑应承担技术的环境责任与空间的社会责任。建筑与环境的关系应以"人与自然共生"、"人与社会共生"为基本出发点，贯彻可持续发展的战略，树立"人－建筑－环境"和谐发展的意识，从环境角度关注建筑全寿命期的过程；实现建筑与自然的永续发展、建筑与社会的和谐共生。

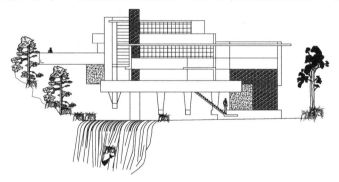

3.4.1 图示 3.4.2 图示1

流水别墅南立面图

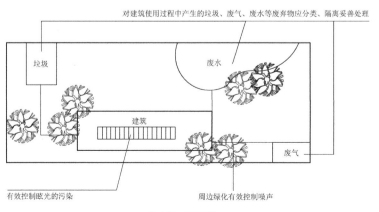

3.4.2 图示2

## 3.5 建筑模数

3.5.1 建筑设计应符合现行国家标准《建筑模数协调标准》GB/T 50002 的规定。

3.5.2 建筑平面的柱网、开间、进深、层高、门窗洞口等主要定位线尺寸，应为基本模数的倍数，并应符合下列规定：

　　1 平面的开间进深、柱网或跨度、门窗洞口宽度等主要定位尺寸，宜采用水平扩大模数数列 2nM、3nM（n 为自然数）；【图示 1】

　　2 层高和门窗洞口高度等主要标注尺寸，宜采用竖向扩大模数数列 nM（n 为自然数）。【图示 2】

【条文说明】

　　本节在原《通则》第 6.1.2 条的基础上提升为独立章节，强调设计全过程执行现行国家标准《建筑模数协调标准》GB/T 50002。在原条文建筑平面的柱网、开间、进深定位轴线尺寸等主要内容的基础上，增加了建筑层高、门窗洞口尺寸要求，按照基本模数 1M = 100 的倍数设计。

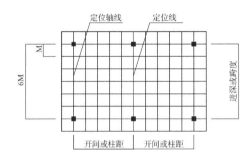

3.5.2　图示1

水平扩大模数数列

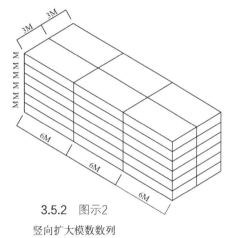

3.5.2　图示2

竖向扩大模数数列

## 3.6 防灾避难

3.6.1 建筑防灾避难场所或设施的设置应满足城乡规划的总体要求，并应遵循场地安全、交通便利和出入方便的原则。【图示】

3.6.2 建筑设计应根据灾害种类，合理采取防灾、减灾及避难的相应措施。

3.6.3 防灾避难设施应因地制宜、平灾结合，集约利用资源。

3.6.4 防灾避难场所及设施应保障安全、长期备用、便于管理，并应符合无障碍的相关规定。

【条文说明】

　　防灾避难场所是指为应对突发性灾害，用于避难人员集中救援及避难生活，经规划设计配置的应急工程设施，它应有一定规模的场地和按照应急避难要求配置的建筑工程及其设施。

　　防灾避难场所及设施的设计应执行《城市社区应急避难场所建设标准》建标 180-2017 及国家有关应急管理、防灾减灾的法律法规。防灾避难场所的设置必须满足相关标准要求，以保证人员的安全。

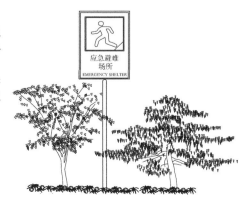

3.6.1　图示

应急避难场所标志

# 4 规划控制

## 4.1　城乡规划及城市设计

**4.1.1　建筑项目的用地性质、容积率、建筑密度、绿地率、建筑高度及其建筑基地的年径流总量控制率等控制指标，应符合所在地控制性详细规划的有关规定。**

【条文说明】
　　4.1.1　本条明确了建设项目应符合控制性详细规划的有关规定。《城乡规划法》第二条规定："本法所称城乡规划，包括城镇体系规划、城市规划、镇规划、乡规划和村庄规划。城市规划、镇规划分为总体规划和详细规划。详细规划分为控制性详细规划和修建性详细规划"；第三十七条规定："在城市、镇规划区内以划拨方式提供国有土地使用权的建设项目，经有关部门批准、核准、备案后，建设单位应当向城市、县人民政府城乡规划主管部门提出建设用地规划许可申请，由城市、县人民政府城乡规划主管部门依据控制性详细规划核定建设用地的位置、面积、允许建设的范围，核发建设用地规划许可证"。第三十八条规定："在城市、镇规划区内以出让方式提供国有土地使用权的，在国有土地使用权出让前，城市、县人民政府城乡规划主管部门应当依据控制性详细规划，提出出让地块的位置、使用性质、开发强度等规划条件，作为国有土地使用权出让合同的组成部分。未确定规划条件的地块，不得出让国有土地使用权"。第四十二条规定："城市规划主管部门不得在城乡规划确定的建设用地范围以外作出规划许可。"可见控制性详细规划是项目建设的上位法定依据。
　　建设项目的土地使用性质反映了城市规划、镇规划对该建筑使用功能的要求，其容积率、建筑密度、建筑高度及绿地率是控制土地开发强度、环境容量和质量的重要指标，是建设方获得建设用地规划许可证时，城乡规划主管部门依据控制性详细规划对建筑基地提出的设计条件，是建筑设计应遵守的基本设计条件。年径流总量控制率，是对建筑基地雨水径流采取措施进行控制的衡量指标。建设项目应有效组织基地内雨水的收集与排放，并满足设计条件对雨水径流总量控制的要求。

**4.1.2　建筑及其环境设计应满足城乡规划及城市设计对所在区域的目标定位及空间形态、景观风貌、环境品质等控制和引导要求，并应满足城市设计对公共空间、建筑群体、园林景观、市政等环境设施的设计控制要求。【图示】**

【条文说明】
　　4.1.2　本条强调了建筑及其环境设计应符合城乡规划及城市设计的有关控制或引导要求。城市设计是城乡规划的重要组成部分，是指导和协调建筑设计、市政设计、风景园林设计的重要手段，是实施建设项目规划管理的重要依据。城市设计通常依据上位规划，综合考虑当地自然条件、历史文化以及社会经济状况，提出体现城市特色的风貌定位、符合自然山水特征与发展需求的空间结构、满足体验与观赏需求的景观体系、适应市民活动与城市形态的公共空间等建设控制或引导要求。这些控制和引导要求往往通过控制性详细规划及其配套的城市设计指引等方式，对建筑设计提出要求，建设项目通常在获得建设用地规划许可证及其附带的"规划条件"中被明确告知项目开发建设应遵守的规划控制内容和要求，如对建设项目所在区段的目标定位、空间结构、景观风貌、公共空间系统、交通组织、建筑群体与建筑风貌、环境景观设施等内容提出的控制和引导要求。实际上，根据建设项目所在区位的不同、重要性与特殊性等差别，规划及城市设计控制的内容及要求也会有所区别。

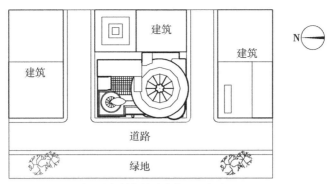

纽约古根海姆博物馆总体布局示意图

4.1.2 图示

4.1.3 建筑设计应注重建筑群体空间与自然山水环境的融合与协调、历史文化与传统风貌特色的保护与发展、公共活动与公共空间的组织与塑造，并应符合下列规定：

　　1 建筑物的形态、体量、尺度、色彩以及空间组合关系应与周围的空间环境相协调；【图示1】

　　2 重要城市界面控制地段建筑物的建筑风格、建筑高度、建筑界面等应与相邻建筑基地建筑物相协调；【图示2】

【条文说明】

4.1.3 本条是从城市设计角度对建设项目提出的建筑设计要求，特别是没有城市设计控制或引导要求的建设项目，其建筑设计应注重并处理好项目自身与城市及所处地段的人文环境、自然环境以及建筑环境的关系。

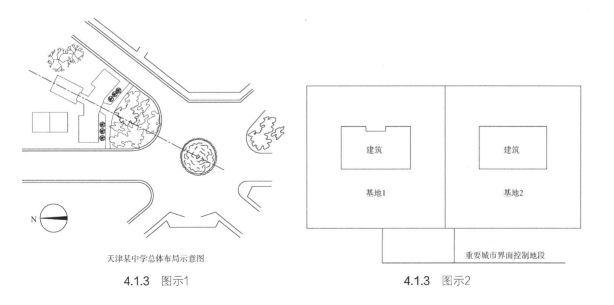

天津某中学总体布局示意图

4.1.3 图示1

4.1.3 图示2

> 3　建筑基地内的场地、绿化种植、景观构筑物与环境小品、市政工程设施、景观照明、标识系统和公共艺术等应与建筑物及其环境统筹设计、相互协调;【图示3】

【条文说明】

4.1.3　第3款强调了建设项目的设计过程除了建筑设计外,通常还涉及一系列其他专项设计,应统筹考虑、相互协调。

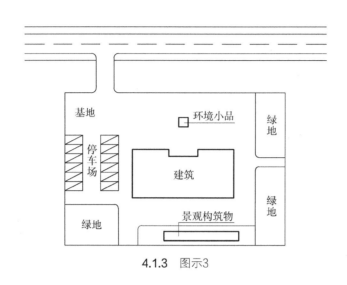

4.1.3　图示3

> 4　建筑基地内的道路、停车场、硬质地面宜采用透水铺装;【图示4】
> 5　建筑基地与相邻建筑基地建筑物的室外开放空间、步行系统等宜相互连通。【图示5】

【条文说明】

4.1.3　第5款强调了建筑设计应有意识地塑造步行公共空间,更多地关注公共空间的系统性和连续性。

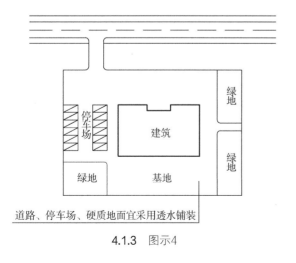

4.1.3　图示4

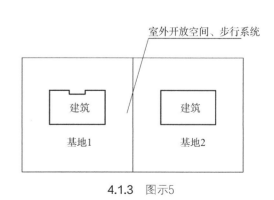

4.1.3　图示5

## 4.2 建筑基地

**4.2.1** 建筑基地应与城市道路或镇区道路相邻接【图示1】,否则应设置连接道路,并应符合下列规定:

 1 当建筑基地内建筑面积小于或等于3000m²时,其连接道路的宽度不应小于4.0m【图示2】;

 2 当建筑基地内建筑面积大于3000m²,且只有一条连接道路时,其宽度不应小于7.0m【图示3】;当有两条或两条以上连接道路时,单条连接道路宽度不应小于4.0m【图示4】。

**【条文说明】**

 4.2.1 本条强调了当建筑基地与城市或镇区道路红线不相邻接时,建筑基地应设置连接道路与城市或镇区道路连接,以保证建筑基地有必要的通道满足交通、疏散、消防等需要。该连接道路的最小宽度是以小型商场、幼儿园、小户型多层住宅等建筑的一般规模3000m²为界进行规定的。

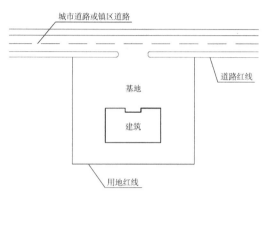

4.2.1　图示1

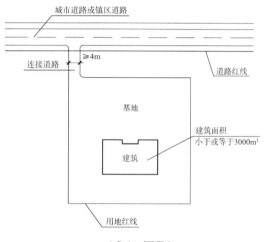

4.2.1　图示2

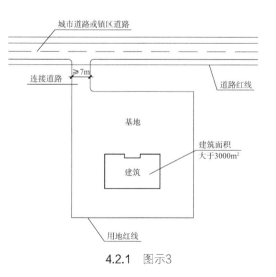

4.2.1　图示3

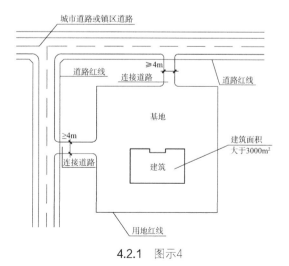

4.2.1　图示4

4.2.2　建筑基地地面高程应符合下列规定：

　　1　应依据详细规划确定的控制标高进行设计；【图示1】

　　2　应与相邻基地标高相协调，不得妨碍相邻基地的雨水排放；【图示2】【图示3】

　　3　应兼顾场地雨水的收集与排放，有利于滞蓄雨水、减少径流外排，并应有利于超标雨水的自然排放。【图示4】

【条文说明】

　　4.2.2　本条阐明了建筑基地高程设计的基本原则。建筑基地地面高程设计应依据所在城市或镇详细规划（包括控制性详细规划或修建性详细规划）的高程控制要求进行场地设计，并处理好建筑基地雨水的排放问题。一方面，高程设计应充分考虑建筑与场地以及建筑基地与相邻建筑基地的关系，不应产生内涝；另一方面，高程设计应综合考虑雨水的收集回用，有利于调蓄雨水，合理控制雨水外排。海绵城市建设强调从源头做起，合理控制每个建设单元的雨水径流，并不是一概外排。也就是说，场地设计时应充分结合原有自然条件，因地制宜地设计场地控制点高程、设置绿色雨水设施（如结合场地相对低洼处设计汗塘、下凹式绿地等），既可起到调蓄雨水、减少和净化雨水径流的作用，也可在雨水过多时再外排以保障场地不产生内涝。因此，建筑基地的高程设计应结合地面水的收集与排放统筹设计。

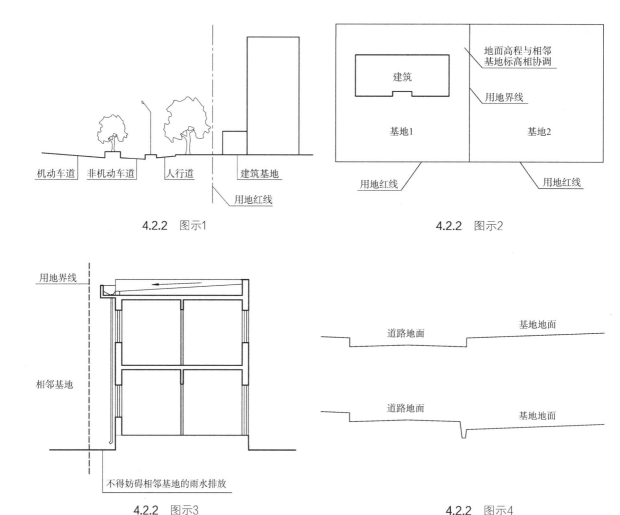

4.2.2　图示1

4.2.2　图示2

4.2.2　图示3

4.2.2　图示4

**4.2.3** 建筑物与相邻建筑基地及其建筑物的关系应符合下列规定：

1　建筑基地内建筑物的布局应符合控制性详细规划对建筑控制线的规定；【图示1】

2　建筑物与相邻建筑基地之间应按建筑防火等国家现行相关标准留出空地或道路；【图示2】【图示3】

3　当相邻基地的建筑物毗邻建造时，应符合现行国家标准《建筑设计防火规范》GB 50016 的有关规定；【图示4】

**【条文说明】**

**4.2.3**　本条明确了为避免相邻建筑基地因建筑物紧贴用地边界建造而造成各种有碍安全、卫生等后患和民事纠纷应遵守的基本规定，以保障建筑物之间的防火间距、消防通道以及通风、采光和日照等建设要求。

第1款明确了建筑物应布局在建筑控制线内。通常在控制性详细规划图则中，出于对区域整体空间的统筹以及安全、卫生的考虑会标定建设用地地块（建筑基地）的建筑控制线（如建筑后退红线、建筑后退线等，或因建筑界面连续性需求有时会有建筑贴线率等控制要求）以限定建筑的建造范围，建筑设计应满足这些规划控制要求。

第2款没有明确划定建筑控制线的建筑基地，建筑物与相邻建筑基地之间关系的规定应满足建筑防火等要求。

第3款明确规定了邻接建筑基地中两栋建筑物（如住宅、商店等建筑）毗连建造的条件，必须满足现行国家标准《建筑设计防火规范》GB 50016 的有关规定：（1）两栋建筑各自前后皆留有符合防火通道宽度要求的空地或道路；（2）两栋建筑之间设置了防火墙。

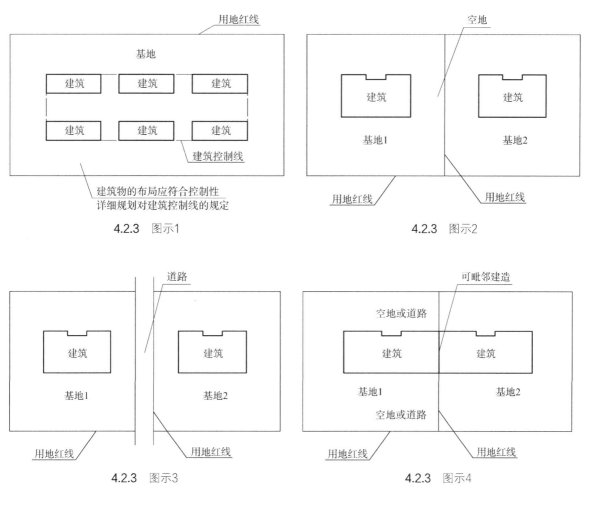

4.2.3　图示1

4.2.3　图示2

4.2.3　图示3

4.2.3　图示4

4 新建建筑物或构筑物应满足周边建筑物的日照标准;【图示5】

【条文说明】
4.2.3 第4款是为了保障建筑基地和相邻建筑基地内有日照要求的建筑或场地的合法权益的基本规定。我国现行国家标准、行业标准及地方标准,分别对住宅、老年人居住建筑、宿舍以及中小学校、幼儿园、托儿所、医院等建筑的部分用房规定了相应的日照标准,建筑设计应满足相关标准的规定;对于体形比较复杂的建筑和高层建筑,宜进行日照分析,并应将建筑基地及周围建筑基地已建、在建和拟建建筑的影响考虑在内。对于城市更新项目,"不得降低"日照标准分为两种情况:周边既有建筑物改造前满足日照标准的,应保证其改造后仍符合相关日照标准的要求;周边既有建筑物改造前未满足日照标准的,改造后不可再降低其原有的日照水平。

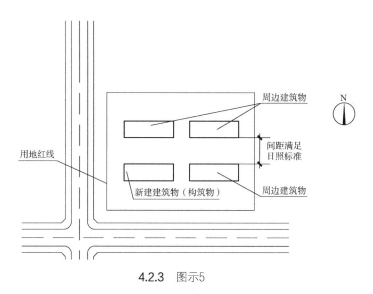

4.2.3 图示5

5 紧贴建筑基地边界建造的建筑物不得向相邻建筑基地方向开设洞口、门、废气排出口及雨水排泄口。【图示6】【图示7】

【条文说明】
4.2.3 第5款是为了保障相邻建筑基地合法权益的基本规定。对紧贴建筑基地用地边界建造的建筑物提出了明确的基本规定:不得向相邻建筑基地方向开设洞口、门、废气排出口及雨水排泄口。

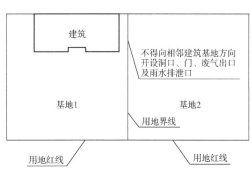

4.2.3 图示6

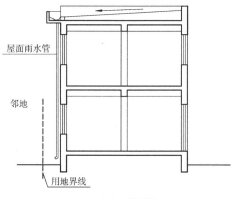

4.2.3 图示7

4.2.4　建筑基地机动车出入口位置，应符合所在地控制性详细规划，并应符合下列规定：

　　1　中等城市、大城市的主干路交叉口，自道路红线交叉点起沿线 70.0m 范围内不应设置机动车出入口；【图示 1】

　　2　距人行横道、人行天桥、人行地道（包括引道、引桥）的最近边缘线不应小于 5.0m；【图示 2】【图示 3】

　　3　距地铁出入口、公共交通站台边缘不应小于 15.0m；【图示 4】

**【条文说明】**

4.2.4　本条各款是维护城市交通与行人安全的基本规定。建筑基地的机动车出入口位置应选择在所在地控制性详规划明确的道路可开口位置范围内，避开禁止开口路段。为保障交通安全、提高通行能力，城市主干路的交叉口应设置展宽段以渠化交通即组织车流各行其道。本条第 1 款据现行国家标准《城市道路交通规划设计规范》GB 50220 以及《城市道路交叉口规划规范》GB 50647 的有关规定提出了对机动车开口位置的控制要求。为了简化并便于控制，条文中"自道路红线交叉点起沿线 70m 范围"是考虑了下列因素后综合确定的：道路拐弯半径 18～21m，交叉口人行横道宽 4～10m，人行横道至停车线约 2m，停车、候驶车辆（或车队）的长度，公共汽车站与交叉口的距离一般不小于 50m，主干路交叉口展宽段一般控制在 50～80m（起算点是道路缘石半径的起点）。

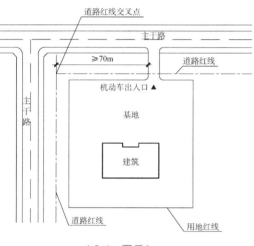

4.2.4　图示1

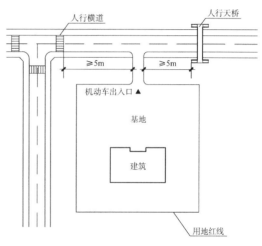

4.2.4　图示2

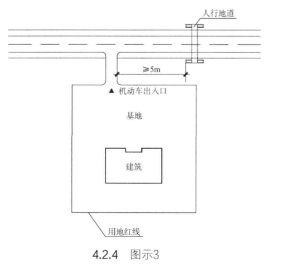

4.2.4　图示3

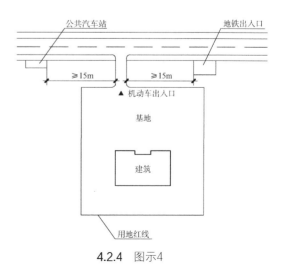

4.2.4　图示4

> 4　距公园、学校及有儿童、老年人、残疾人使用建筑的出入口最近边缘不应小于20.0m。【图示5】【图示6】

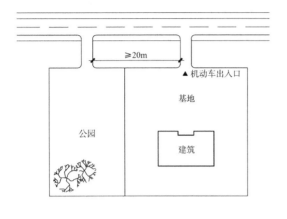

4.2.4　图示5

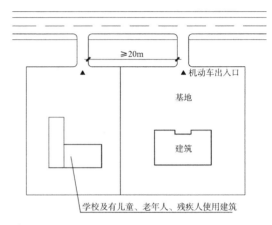

4.2.4　图示6

> 4.2.5　大型、特大型交通、文化、体育、娱乐、商业等人员密集的建筑基地应符合下列规定：
> 　　1　建筑基地与城市道路邻接的总长度不应小于建筑基地周长的1/6；【图示1】
> 　　2　建筑基地的出入口不应少于2个，且不宜设置在同一条城市道路上；【图示2】

【条文说明】

　　4.2.5　本条是针对大型、特大型上述设施提出的控制要求。根据国家标准《城市用地分类与规划建设用地标准》GB 50137—2011，文化设施包括：公共图书馆、博物馆、美术馆、展览馆、会展中心以及文化活动中心、文化馆、青少年宫、儿童活动中心、老年活动中心等设施；体育设施包括：体育场馆、游泳场馆、各类球场等公共体育设施；娱乐康体设施包括：剧院、音乐厅、电影院、溜冰场等设施。

　　人员密集建筑的基地由于人员量大且集散相对集中，因此人员疏散及城市交通的安全极为重要。但建筑使用功能不同、建筑容量和人口容量不一、人员集聚特点差异较大，故本条只作一般性规定。

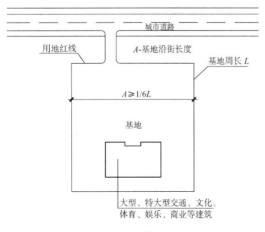

4.2.5　图示1

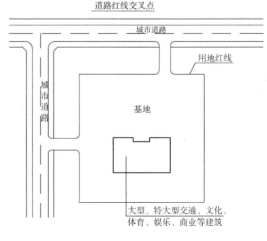

4.2.5　图示2

**3** 建筑物主要出入口前应设置人员集散场地,其面积和长宽尺寸应根据使用性质和人数确定;【图示3】

**4** 当建筑基地设置绿化、停车或其他构筑物时,不应对人员集散造成障碍。【图示4】

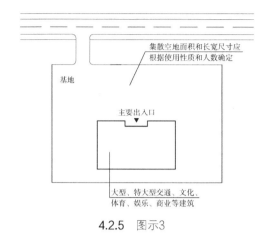

4.2.5 图示3

4.2.5 图示4

## 4.3 建筑突出物

**4.3.1** 除骑楼、建筑连接体、地铁相关设施及连接城市的管线、管沟、管廊等市政公共设施以外,建筑物及其附属的下列设施不应突出道路红线或用地红线建造:

**1** 地下设施,应包括支护桩、地下连续墙、地下室底板及其基础、化粪池、各类水池、处理池、沉淀池等构筑物及其他附属设施等;【图示1～图示3】

**【条文说明】**

**4.3.1** 规定建筑的任何建（构）筑物及其附属设施均不得突出道路红线及建设用地边界建造,一是建设用地边界是各建（构）筑物用地使用权属范围的边界线,规定不得突出,是防止侵害相临地块的权益;二是因为道路红线以内的地下、地面及其上空均为城市公共空间,一旦允许突出,一方面侵权,另一方面影响城市景观、人流、车流交通安全、城市地下管线及地下空间的开发和利用等。

但经当地规划行政主管部门批准,沿街骑楼、地下地上建筑连接体、与地铁相关的设施,沿道路红线建设的既有建筑改造、城市公共设施,以及连接城市市政公共设施的管线、管沟、管廊等,可突出道路红线或建设用地边界建造,其他的均不可突出。

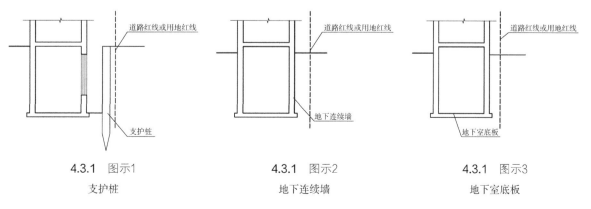

4.3.1 图示1
支护桩

4.3.1 图示2
地下连续墙

4.3.1 图示3
地下室底板

2 地上设施,应包括门廊、连廊、阳台、室外楼梯、凸窗、空调机位、雨篷、挑檐、装饰构架、固定遮阳板、台阶、坡道、花池、围墙、平台、散水明沟、地下室进风及排风口、地下室出入口、集水井、采光井、烟囱等。【图示 4 ~ 图示 15】

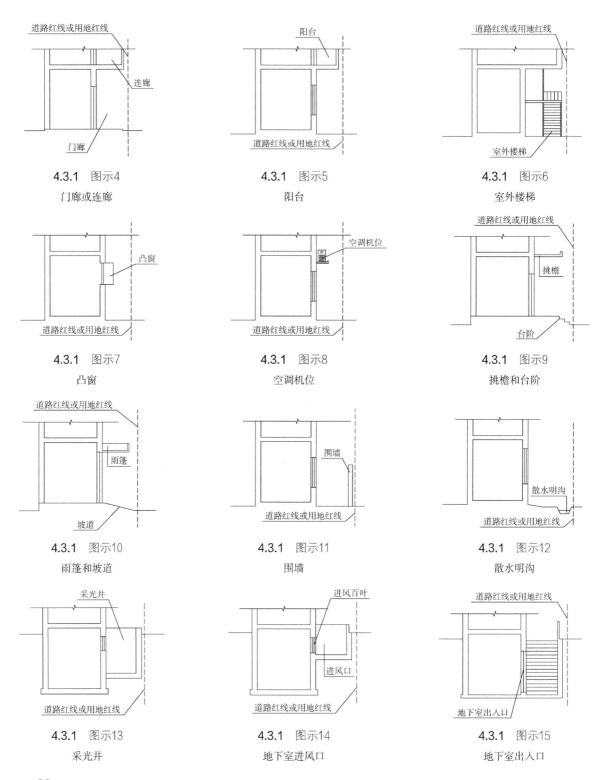

4.3.1 图示4
门廊或连廊

4.3.1 图示5
阳台

4.3.1 图示6
室外楼梯

4.3.1 图示7
凸窗

4.3.1 图示8
空调机位

4.3.1 图示9
挑檐和台阶

4.3.1 图示10
雨篷和坡道

4.3.1 图示11
围墙

4.3.1 图示12
散水明沟

4.3.1 图示13
采光井

4.3.1 图示14
地下室进风口

4.3.1 图示15
地下室出入口

4.3.2　经当地规划行政主管部门批准，既有建筑改造工程必须突出道路红线的建筑突出物应符合下列规定：

1　在人行道上空：

1）2.5m 以下，不应突出凸窗、窗扇、窗罩等建筑构件；2.5m 及以上突出凸窗、窗扇、窗罩时，其深度不应大于 0.6m。【图示 1】

2）2.5m 以下，不应突出活动遮阳；2.5m 及以上突出活动遮阳时，其宽度不应大于人行道宽度减 1.0m，并不应大于 3.0m。【图示 2】

3）3.0m 以下，不应突出雨篷、挑檐；3.0m 及以上突出雨篷、挑檐时，其突出的深度不应大于 2.0m。【图示 3】

4）3.0m 以下，不应突出空调机位；3.0m 及以上突出空调机位时，其突出的深度不应大于 0.6m。【图示 4】

**【条文说明】**

4.3.2　任何建（构）筑物均不得突出道路红线建设，考虑到既有建筑的历史原因及使用上的必要，在不影响公共安全、消防、交通、卫生等前提下，在不同的高度给予了一定的许可，但需获得当地规划行政主管部门批准。另外，本次将凸窗等突出深度加大至 0.6m，主要考虑空调外机外侧加装饰百叶等因素。在人行道上空，空调外机位太低，将对行人产生影响，但顾及既有建筑的层高及结构梁高的制约，本次修改仅提高了 0.5m，在可能情况下应尽可能提高其高度。

另外，"建筑物和建筑突出物均不得向道路上空直接排泄雨水、空调冷凝等"，还包括无组织排水或用泄水管等将雨水、空调冷凝水等直接向道路上空的排泄等，是防止其影响行人。

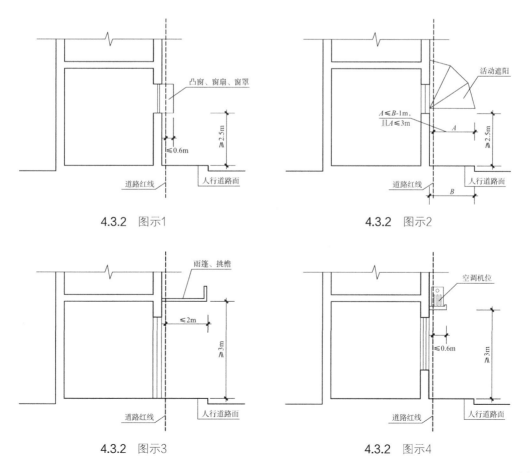

4.3.2　图示1　　　　　　　4.3.2　图示2

4.3.2　图示3　　　　　　　4.3.2　图示4

2 在无人行道的路面上空，4.0m 以下不应突出凸窗、窗扇、窗罩、空调机位等建筑构件；4.0m 及以上突出凸窗、窗扇、窗罩、空调机位时，其突出深度不应大于 0.6m。【图示5】【图示6】

3 任何建筑突出物与建筑本身均应结合牢固。【图示7】

4 建筑物和建筑突出物均不得向道路上空直接排泄雨水、空调冷凝水等。【图示8】

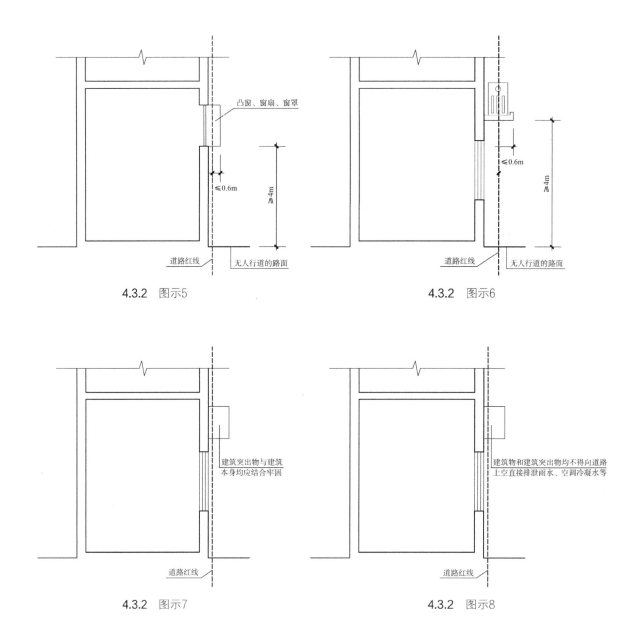

4.3.2 图示5

4.3.2 图示6

4.3.2 图示7

4.3.2 图示8

**4.3.3** 除地下室、窗井、建筑入口的台阶、坡道、雨篷等以外，建（构）筑物的主体不得突出建筑控制线建造。【图示】

**4.3.4** 治安岗、公交候车亭，地铁、地下隧道、过街天桥等相关设施，以及临时性建（构）筑物等，当确有需要，且不影响交通及消防安全，应经当地规划行政主管部门批准，可突入道路红线建造。【图示】

【条文说明】

4.3.3 因城乡规划管理的需要，各地规划行政主管部门常在建设用地边界以内有另行划定建筑控制线，以控制地面建筑物的主体（一般是指建筑的主副楼及裙房的外墙面）不得突出该线。其他突出建筑控制线的建筑突出物，在不影响相邻基地或临街城市人流、车流交通安全的前提下允许其突出。如凸窗、空调机位、雨棚、挑檐、装饰构架、固定遮阳板、招牌、广告牌、台阶、坡道、花池、围墙、平台、散水明沟、采光井、地下室、地下室通风口、地下车道出入口等，甚至有些城市规定在50m以上高空可允许建筑突出，但不得突出道路红线等。因各地要求不同，故未作统一规定，设计可因地制宜，遵循当地规划行政主管部门的要求及其相关规定。

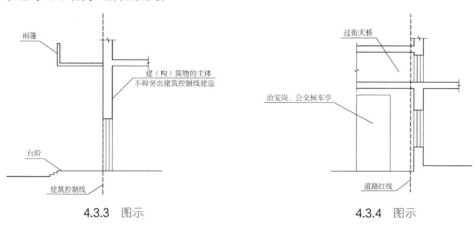

4.3.3 图示

4.3.4 图示

**4.3.5** 骑楼、建筑连接体和沿道路红线的悬挑建筑的建造，不应影响交通、环保及消防安全。在有顶盖的城市公共空间内，不应设置直接排气的空调机、排气扇等设施或排出有害气体的其他通风系统。【图示1】【图示2】

【条文说明】

4.3.5 在骑楼、建筑连接体和沿道路红线悬挑建筑的下方，一般均为城市公共空间，有可能为车行或消防车通行，故应满足其通行净空。也可能是大量人流活动之地，故不应设置影响公共卫生及安全的相关设施，如空调外机及排气扇排出的热风、排风口、厨房油烟及其他有害气体等。更应该避免和防止高空坠物，以保证公共场所的安全。

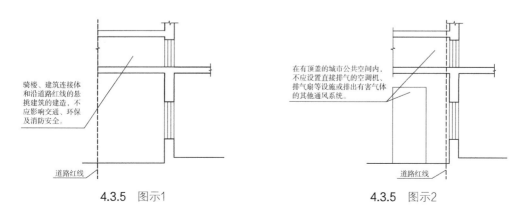

4.3.5 图示1

4.3.5 图示2

## 4.4 建筑连接体

**4.4.1** 经当地规划及市政主管部门批准，建筑连接体可跨越道路红线、用地红线或建筑控制线建设，属于城市公共交通性质的出入口可在道路红线范围内设置。【图示】

【条文说明】

4.4.1 建筑连接体是城市建设中，为强化建筑与建筑、建筑与公共设施、建筑与公共交通站点等之间联系，通过建筑廊跨越道路红线或建设用地边界所进行的连通。为实现区域内不同地块间的资源共享和人车分流，提高公共设施的服务水平具有重要意义。但由于道路红线以内、建设用地边界以外的空间均为城市公共空间或他人领地，故建筑连接体的建设须征得当地规划及市政行政主管部门的批准。另外，非城市公共交通性质的出入口在道路红线内设置时，更需获得当地规划及市政行政主管部门的批准。

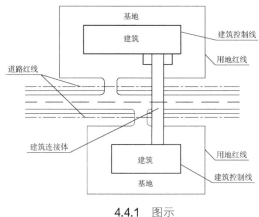

4.4.1 图示

**4.4.2** 建筑连接体可在地下、裙房部位及建筑高空建造，其建设应统筹规划，保障城市公众利益与安全，并不应影响其他人流、车流及城市景观。【图示1】【图示2】

【条文说明】

4.4.2 建筑连接体需要连接不同基地之间的建筑，因设计和建设时序不一，建设单位往往按照自身的建设条件而进行建造。特别是需建造城市二层步行廊道体系的区域，更需要规划和建设部门在规划和设计阶段进行协调，做好连接体的宽度及两端竖向标高的统筹。同时规定先建单位应当按照专业或标准要求，预留连接接口，后建单位应当履行后续连接工程的工作。

地面上空建筑连接体的建设，是在城市两栋建筑之间横跨，需确保不影响城市人行、机动车行、消防通道等使用功能，同时更应防高空坠物伤人。建筑通廊距路面的净空高度，根据现行行业标准《城市人行天桥与人行地道技术规范》CJJ 69 的相关规定的最小净空：行人为 2.3m，非机动车为 3.5m，机动车为 4.5m，行驶电车为 5.0m 等。

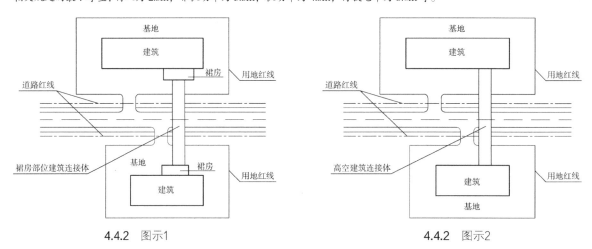

4.4.2 图示1　　　　　　　　　　　　　　4.4.2 图示2

> **4.4.3** 地下建筑连接体应满足市政管线及其他基础设施等建设要求。【图示】
>
> **4.4.4** 交通功能的建筑连接体，其净宽不宜大于 9.0m，地上的净宽不宜小于 3.0m，地下的净宽不宜小于 4.0m。其他非交通功能连接体的宽度，宜结合建筑功能按人流疏散需求设置。【图示 1～图示 3】

**【条文说明】**

**4.4.3** 地下建筑连接体分廊道连接和地下室整体开发连接两大类，在其上部的覆土深度，均须满足市政各类管道等设施敷设的要求，同时为日后市政管线扩容或地铁通行提供可能。

建筑连接体的设计还应满足现行行业标准《城市人行天桥与人行地道技术规范》CJJ 69 的相关技术要求。

**4.4.4** 本条规定净宽不宜大于 9m，主要是考虑结构一个柱跨的尺寸，同时该尺寸也能满足一般人流及车行的交通功能。

另参照《城市人行天桥与人行地道技术规范》CJJ 69-95（第 2.2.1 条第 2 款：天桥桥面净宽不宜小于 3m，地道通道净宽不宜小于 3.75m），为保证城市公共交通的通行功能以及安全要求，建议人行天桥等地上连接体的净宽不宜小于 3m；同时，考虑到地下连接体的封闭性，行人的空间感受较为压抑，建议地下连接体的净宽不宜小于 4m。

地下或裙楼部位的建筑连接体，如兼作横跨城市道路的人行天桥或地下人行隧道时，经当地规划行政主管部门批准，其出入口可在道路红线以内或建筑控制线以外建设，以方便行人。

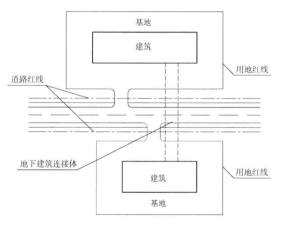

地下建筑连接体应满足市政管线及其他基础设施等建设要求

4.4.3　图示

4.4.4　图示1

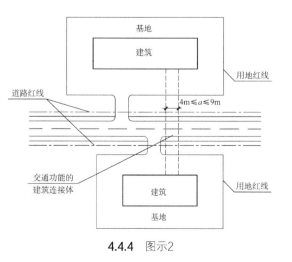

4.4.4　图示2

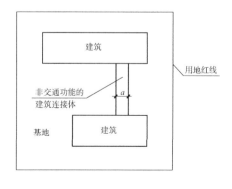

非交通功能连接体的宽度a，宜结合建筑功能按人流疏散需求设置

4.4.4　图示3

**4.4.5** 建筑连接体在满足其使用功能的同时，还应满足消防疏散及结构安全方面的要求。【图示】

【条文说明】

4.4.5 建筑连接体若作为非交通性使用功能时，横跨道路的地下空间或地面以上连接体，都存在疏散楼梯设置的位置受限，疏散宽度不够大，疏散距离太远，从而导致人流疏散距离过长、与相关标准要求相悖的问题；同时地面以上建筑连接体也都存在加设竖向受力结构困难，从而造成结构跨度过大，连体后建筑形体过长等结构难题，特别是"空中连廊"。故设计时均应高度重视，确保其安全。

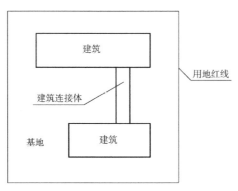

建筑连接体应满足使用功能、消防疏散及结构安全方面的要求

4.4.5 图示

## 4.5 建筑高度

4.5.1 建筑高度不应危害公共空间安全和公共卫生，且不宜影响景观，下列地区应实行建筑高度控制，并应符合下列规定：

1 对建筑高度有特别要求的地区，建筑高度应符合所在地城乡规划的有关规定；【图示1】

2 沿城市道路的建筑物，应根据道路红线的宽度及街道空间尺度控制建筑裙楼和主体的高度；【图示2】

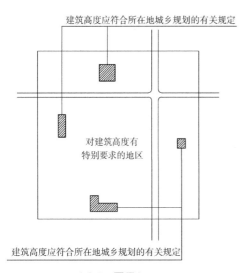

4.5.1 图示1

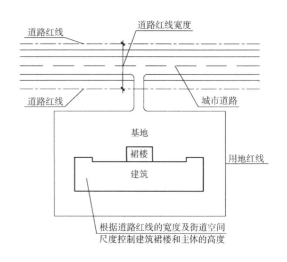

4.5.1 图示2

3 当建筑位于机场、电台、电信、微波通信、气象台、卫星地面站、军事要塞工程等设施的技术作业控制区内及机场航线控制范围内时，应按净空要求控制建筑高度及施工设备高度；【图示3】

4 建筑处在历史文化名城名镇名村、历史文化街区、文物保护单位、历史建筑和风景名胜区、自然保护区的各项建设，应按规划控制建筑高度。【图示4】

注：建筑高度控制尚应符合所在地城市规划行政主管部门和有关专业部门的规定。

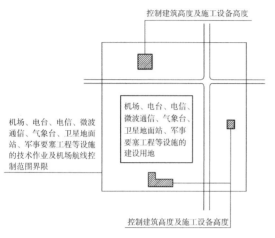

4.5.1 图示3       4.5.1 图示4

4.5.2 建筑高度的计算应符合下列规定：

1 本标准第4.5.1条第3款、第4款控制区内建筑，建筑高度应以绝对海拔高度控制建筑物室外地面至建筑物和构筑物最高点的高度。【图示1】

【条文说明】

4.5.2 本条建筑高度计算只对在有建筑高度控制要求的控制区内而言，与本标准第3.1.2条计算建筑高度来分类不是一个概念。

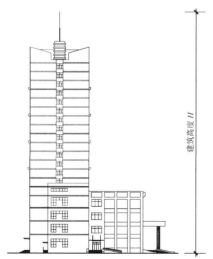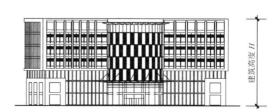

H为绝对海拔高度控制建筑物室外地面至建筑物和构筑物最高点的垂直距离

4.5.2 图示1

2 非本标准第 4.5.1 条第 3 款、第 4 款控制区内建筑，平屋顶建筑高度应按建筑物主入口场地室外设计地面至建筑女儿墙顶点的高度计算，无女儿墙的建筑物应计算至其屋面檐口；坡屋顶建筑高度应按建筑物室外地面至屋檐和屋脊的平均高度计算；当同一座建筑物有多种屋面形式时，建筑高度应按上述方法分别计算后取其中最大值；下列突出物不计入建筑高度内：【图示 2 ~ 图示 5】

【条文说明】

4.5.2 第 2 款为新增条款，从城市设计的角度出发，城市公共开放空间是由建筑、广场及街道等要素共同构成的。为形成适宜尺度的城市公共开放空间，需要控制街道空间的高宽比值。

非本标准第 4.5.1 条第 3 款、第 4 款控制区内建筑高度与现行国家标准《建筑设计防火规范》GB 50016 中的建筑高度不是一个概念，本标准中的建筑高度主要与城市规划控制相关，现行国家标准《建筑设计防火规范》GB 50016 注重的是消防救援等方面。

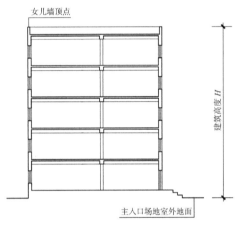

4.5.2 图示2
平屋顶有女儿墙建筑

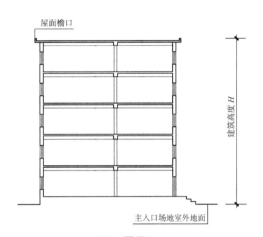

4.5.2 图示3
平屋顶无女儿墙建筑

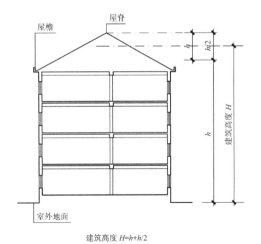

建筑高度 $H=h+h/2$

4.5.2 图示4
坡屋顶建筑

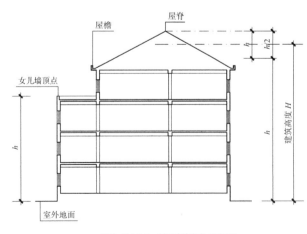

因为 $H=h+h/2$，所以建筑高度 $H=h+h/2$

4.5.2 图示5
多种屋面形式建筑

1）局部突出屋面的楼梯间、电梯机房、水箱间等辅助用房占屋顶平面面积不超过 1/4 者；【图示 6 ~ 图示 9】

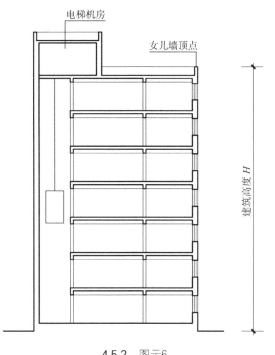

4.5.2　图示6

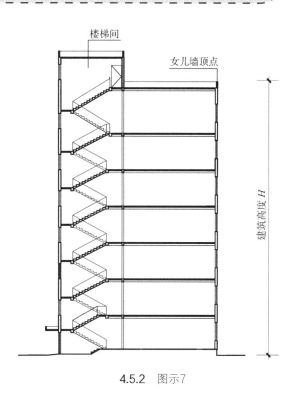

4.5.2　图示7

4.5.2　图示8

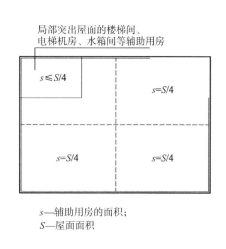

局部突出屋面的楼梯间、
电梯机房、水箱间等辅助用房

$s$—辅助用房的面积；
$S$—屋面面积

4.5.2　图示9

2）突出屋面的通风道、烟囱、装饰构件、花架、通信设施等；【图示 10 ~ 图示 12】

3）空调冷却塔等设备。【图示 13】

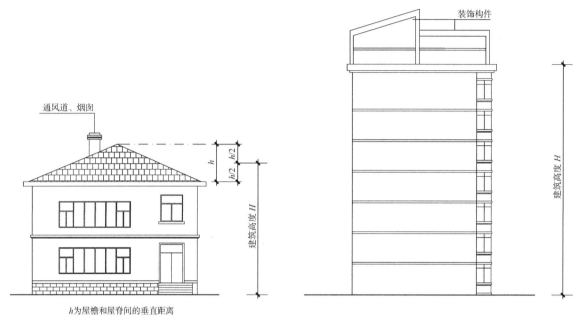

h为屋檐和屋脊间的垂直距离

4.5.2　图示10

4.5.2　图示11

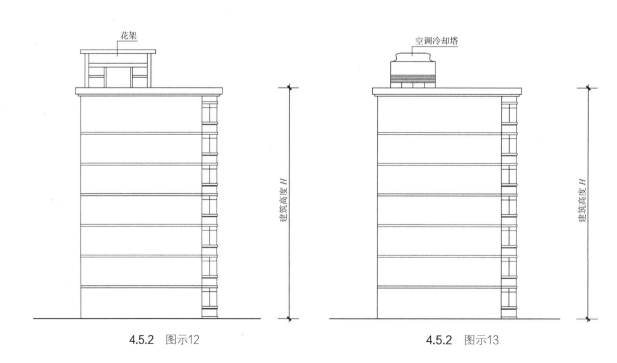

4.5.2　图示12

4.5.2　图示13

# 5 场地设计

## 5.1 建筑布局

**5.1.1** 建筑布局应使建筑基地内的人流、车流与物流合理分流，防止干扰，并应有利于消防、停车、人员集散以及无障碍设施的设置。【图示】

【条文说明】

5.1.1 建筑与场地应取得适宜关系，充分结合总体分区及交通组织，有整体观念，主次分明，建筑与场地和谐共生。

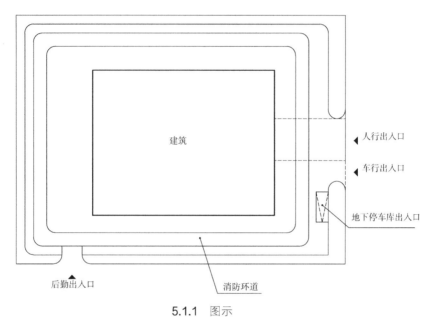

5.1.1 图示

建筑布局应使建筑基地内的人流、车流与物流合理分流

**5.1.2** 建筑间距应符合下列规定：

1 建筑间距应符合现行国家标准《建筑设计防火规范》GB 50016 的规定及当地城市规划要求；【图示 1 ~ 图示 4】

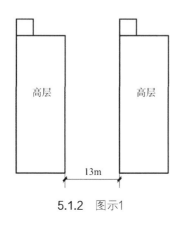

5.1.2 图示1

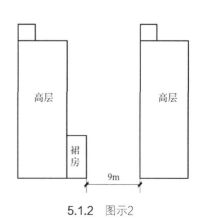

5.1.2 图示2

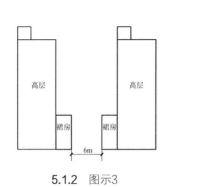

5.1.2　图示3

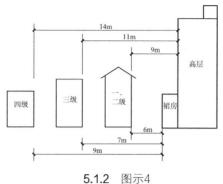

5.1.2　图示4

> **2　建筑间距应符合本标准第7.1节建筑用房天然采光的规定，有日照要求的建筑和场地应符合国家相关日照标准的规定。【图示5～图示7】**

【条文说明】

5.1.2　本条各款重点强调建筑间距应满足防火、城市规划、采光、日照等场地设计的求。

2　天然采光也有建筑间距要求，由于各地所处光气候区等情况不同难以作出间距具体数据。原则是天然光源应满足各建筑采光系数标准值之规定，具体计算在本标准第7.1节条文和条文说明及现行国家标准《建筑采光设计标准》GB 50033中已有规定。无论是相邻地建筑，或同一基地内建筑之间都不应挡住建筑用房的采光。建筑和场地日照标准在现行国家标准《城市居住区规划设计标准》GB 50180中有明确规定，住宅、宿舍、托儿所、幼儿园、宿舍、老年人居住建筑、医院病房楼等类型建筑也有相关日照标准，并应执行当地城市规划行政主管部门依照日照标准制定的相关规定。

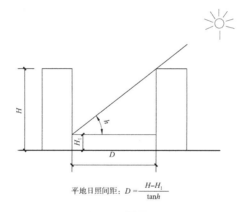

平地日照间距：$D = \dfrac{H - H_1}{\tan h}$

5.1.2　图示5

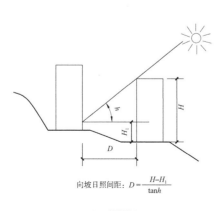

向坡日照间距：$D = \dfrac{H - H_1}{\tan h}$

5.1.2　图示6

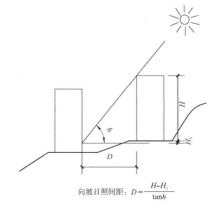

向坡日照间距：$D = \dfrac{H - H_1}{\tan h}$

5.1.2　图示7

5.1.3 建筑布局应根据地域气候特征,防止和抵御寒冷、暑热、疾风、暴雨、积雪和沙尘等灾害侵袭,并应利用自然气流组织好通风,防止不良小气候产生。【图示1~图示4】

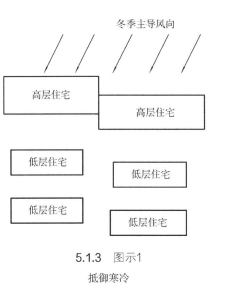

5.1.3 图示1

抵御寒冷

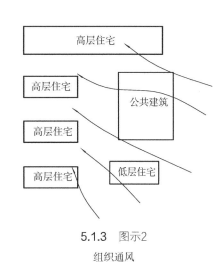

5.1.3 图示2

组织通风

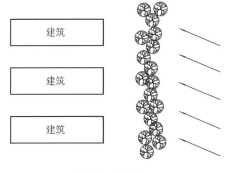

5.1.3 图示3

利用绿化进行防风或导风

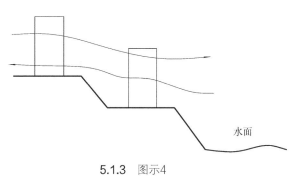

5.1.3 图示4

利用水面和陆地温差加强通风

5.1.4 根据噪声源的位置、方向和强度,应在建筑功能分区、道路布置、建筑朝向、距离以及地形、绿化和建筑物的屏障作用等方面采取综合措施,防止或降低环境噪声。【图示1～图示6】

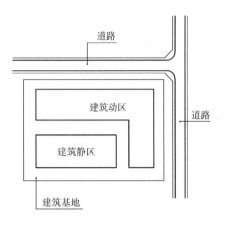

5.1.4 图示1

功能分区上降低环境噪声

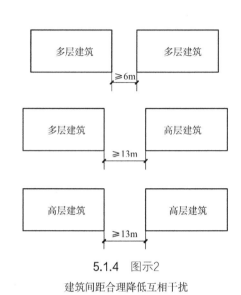

5.1.4 图示2

建筑间距合理降低互相干扰

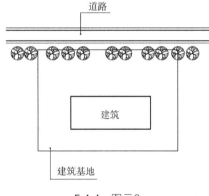

5.1.4 图示3

建筑朝向道路另一侧,降低噪声

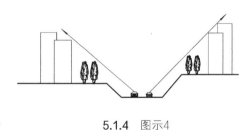

5.1.4 图示4

利用地形防治噪声

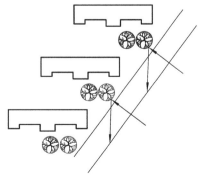

5.1.4 图示5

用绿化阻隔噪声

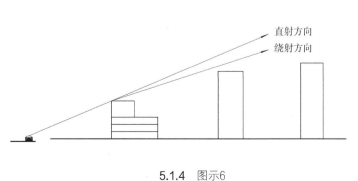

5.1.4 图示6

利用建筑物的屏障作用降低环境噪音

5.1.5 建筑物与各种污染源的卫生距离,应符合国家现行有关卫生标准的规定。【图示】

5.1.6 建筑布局应按国家及地方的相关规定对文物古迹和古树名木进行保护,避免损毁破坏。【图示1】【图示2】

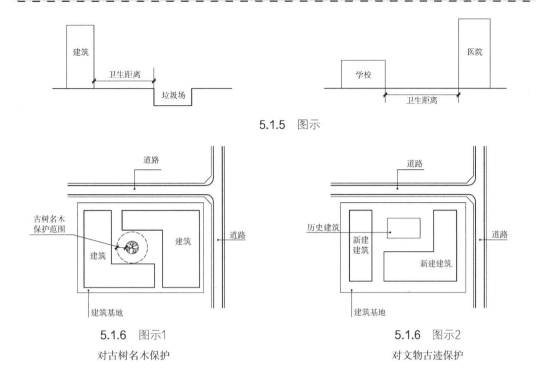

5.1.5 图示

5.1.6 图示1
对古树名木保护

5.1.6 图示2
对文物古迹保护

## 5.2 道路与停车场

5.2.1 基地道路应符合下列规定:

1 基地道路与城市道路连接处的车行路面应设限速设施,道路应能通达建筑物的安全出口;【图示1】

2 沿街建筑应设连通街道和内院的人行通道,人行通道可利用楼梯间,其间距不宜大于80.0m;【图示2】

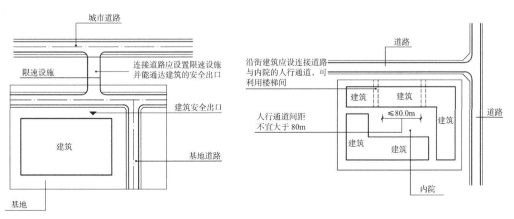

5.2.1 图示1

5.2.1 图示2

> 3 当道路改变方向时，路边绿化及建筑物不应影响行车有效视距；【图示3】
>
> 4 当基地内设有地下停车库时，车辆出入口应设置显著标志；标志设置高度不应影响人、车通行；【图示4】
>
> 5 基地内宜设人行道路，大型、特大型交通、文化、娱乐、商业、体育、医院等建筑，居住人数大于5000人的居住区等车流量较大的场所应设人行道路。【图示5】

【条文说明】

5.2.1 按消防、公共安全等要求对基地内道路的一般规定。为便于设计掌握，本条明确了应设置人行道的人员密集场所和居住小区。小规模的居住小区由于车流量较小，可根据基地内条件设置人行道路，但5000人的居住区，每户按3.2人计，5000人即为1562户，按每户0.5机动车停车位计算，5000人的居住区应配置780辆机动车，车流量较大，为保证居住小区内的交通安全，有必要设置人行道，避免上下班出入高峰时行人无法通行。

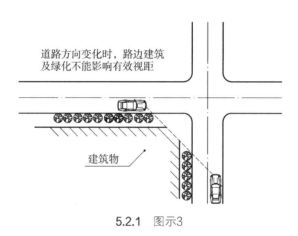

5.2.1 图示3

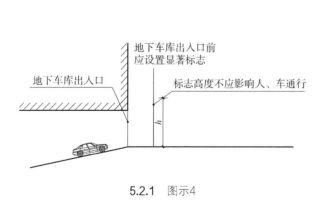

5.2.1 图示4

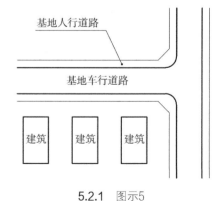

5.2.1 图示5

基地内宜设人行道路

**5.2.2 基地道路设计应符合下列规定：**

1 单车道路宽不应小于4.0m，双车道路宽住宅区内不应小于6.0m，其他基地道路宽不应小于7.0m；【图示1～图示3】

2 当道路边设停车位时，应加大道路宽度且不应影响车辆正常通行；【图示4】

3 人行道路宽度不应小于1.5m，人行道在各路口、入口处的设计应符合现行国家标准《无障碍设计规范》GB 50763的相关规定；【图示5】

4 道路转弯半径不应小于3.0m，消防车道应满足消防车最小转弯半径要求；【图示6】

5 尽端式道路长度大于120.0m时，应在尽端设置不小于12.0m×12.0m的回车场地。【图示7】

【条文说明】

5.2.2 相对于原《通则》的条文，本条进一步明确了道路的宽度和回车场地的要求。主要内容为：(1)居住区与公共建筑的道路应有不同的宽度要求；(2)增加了人行道的无障碍要求；(3)主要道路最小转弯半径的要求。回车场地应保证场地的转弯半径（内径）不小于3.0m，大型车回车场地应保证场地的转弯半径（内径）不小于10.0m。

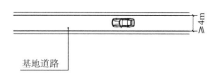

5.2.2 图示1

单车道路宽不应小于4m

5.2.2 图示2

住宅区基地双道路不应小于6m

5.2.2 图示3

非住宅区基地双道路不应小于7m

5.2.2 图示4

道路边设停车位时，应加大道路宽度

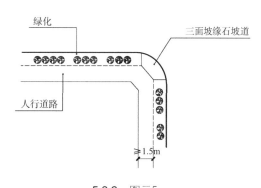

5.2.2 图示5

人行道路宽度不应小于1.5m

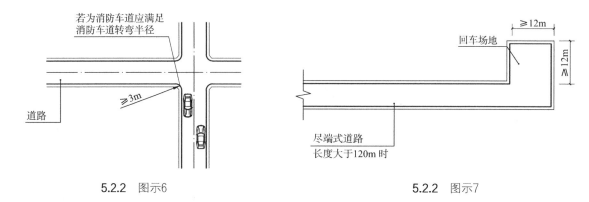

5.2.2 图示6

5.2.2 图示7

【条文说明】

　　5.2.3 居住区内设置高架道路会对交通安全和住户私密性造成影响，但会展、体育类大型公共建筑往往会采取高架道路的形式立体解决复杂的交通问题，当必须采用高架道路时，应采取措施解决由此造成的视线干扰、噪声等环境影响问题。

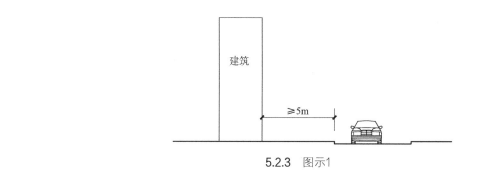

5.2.3 图示1

5.2.3 图示2

**5.2.4** 建筑基地内地下机动车车库出入口与连接道路间宜设置缓冲段，缓冲段应从车库出入口坡道起坡点算起，并应符合下列规定：

　　1　出入口缓冲段与基地内道路连接处的转弯半径不宜小于5.5m；【图示1】

　　2　当出入口与基地道路垂直时，缓冲段长度不应小于5.5m；【图示2】

　　3　当出入口与基地道路平行时，应设不小于5.5m长的缓冲段再汇入基地道路；【图示3】

　　4　当出入口直接连接基地外城市道路时，其缓冲段长度不宜小于7.5m。【图示4】

**【条文说明】**

　　5.2.4　本条中的规定主要针对基地内交通。基地内的地下汽车库出入口与基地内的道路之间应满足适当的安全距离，驾驶员在进入基地内道路前的一段距离内，应能看到道路上的行车和行人情况，以便能及时采取措施顺利通过或安全停车；考虑到建筑基地内道路交设置缓冲段要求有一定难度，故未作强制性要求，但为保证安全出行，当基地内车辆较多或有条件时，应考虑设置缓冲段，缓冲段可根据下列情况设置：

　　1　地下车库出入口起坡点距离基地内主要道路交叉路口或高架路的起坡点不小于5.5m。【图示5】

　　2　地下车库出入口与基地内主要道路垂直时，出入口起坡点与主要道路边缘应保持不小于5.5m的安全距离。【图示6】

　　3　地下车库出入口与基地内主要道路平行时，应经不小于5.5m长的缓冲车道汇入基地道路。缓冲段长度取5.5m是按照至少1辆小型汽车的安全等候距离考虑的，以保证基地内道路通行安全。当基地内地下车库出入口相邻城基地外的城市道路时，与城市道路之间不应小于7.5m，当基地内地下车库出入口相邻城基地外的城市道路时，与城市道路之间不应小于7.5m。

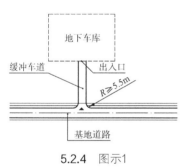

5.2.4　图示1

缓冲段与道路连接处转弯半径

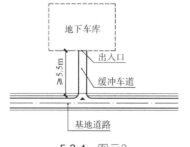

5.2.4　图示2

出入口与基地道路垂直

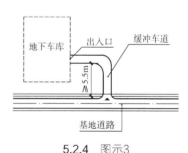

5.2.4　图示3

出入口与基地道路平行

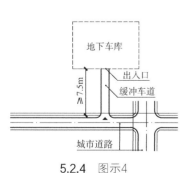

5.2.4　图示4

出入口直接连接城市道路

地下车库出入口距基地交叉路口的距离

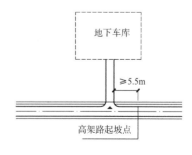

5.2.4　图示6

地下车库出入口距高架路起坡点的距离

5.2.5 室外机动车停车场应符合下列规定:
  1 停车场地应满足排水要求,排水坡度不应小于0.3%;【图示1】
  2 停车场出入口的设计应避免进出车辆交叉;【图示2】
  3 停车场应设置无障碍停车位,且设置要求和停车位数量应符合现行国家标准《无障碍设计规范》GB 50763 的相关规定;【图示3】
  4 停车场应结合绿化合理布置,可利用乔木遮阳。【图示4】

【条文说明】

5.2.5 本条对室外停车场作出规定,包括机动车和非机动车停车场,这类停车场一般在体育场馆、剧场和展览馆等大型观演、展览建筑中较为多见。停车场的坡度下限是为了满足径流排水,停车场出入口宜分离设置,当出入口位于单向道路一侧时,应沿道路行车方向先设置进口、后设置出口;当出入口位于双向行驶道路一侧时,应采取右转进出的方式布置,以避免进、出车辆交叉。无障碍机动车停车位数量应符合现行国家标准《无障碍设计规范》GB 50763 的要求,应注意无障碍机动车停车位数与建设内容有关,城市广场、城市绿地、居住区、公共建筑对无障碍停车数的要求是有区别的(表5.2.5)。停车位要求有乔木遮阳是为了体现绿色、生态的室外环境要求,是降低夏季车内的温度,减少油耗和二氧化碳的排放的有效措施。

见表5.2.5

**无障碍停车位数量要求**                                                    表5.2.5

| 类型 | 停车位数量 | | |
|---|---|---|---|
|  | <50辆 | 50~100辆 | >100辆 |
| 城市广场 | ≥1个 | ≥2个 | ≥总停车数的2% |
| 城市绿地 | ≥1个 | ≥2个 | ≥总停车数的2% |
| 公共建筑 | ≥1个 | | ≥总停车数的2% |
| 居住区 | ≥总停车数的0.5%,若设有多个停车场,每处≥1个 | | |

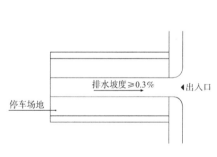

5.2.5 图示1
停车场地应满足排水要求

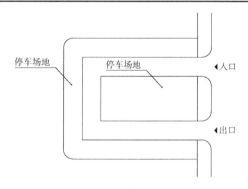

5.2.5 图示2
出入口设置两个避免进出车辆交叉

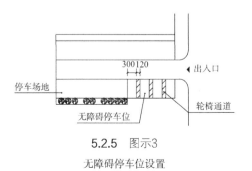

5.2.5 图示3
无障碍停车位设置

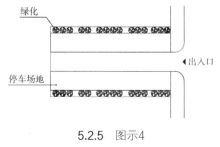

5.2.5 图示4
停车位旁设置绿化

**5.2.6** 室外机动车停车场的出入口数量应符合下列规定：

    **1** 当停车数为 50 辆及以下时，可设 1 个出入口，宜为双向行驶的出入口；【图示 1】

    **2** 当停车数为 51 辆 ~ 300 辆时，应设置 2 个出入口，宜为双向行驶的出入口；【图示 2】

    **3** 当停车数为 301 辆 ~ 500 辆时，应设置 2 个双向行驶的出入口；【图示 3】

    **4** 当停车数大于 500 辆时，应设置 3 个出入口，宜为双向行驶的出入口。【图示 4】

**【条文说明】**

    5.2.6 本条为新增内容，对停车场出入口数量作出规定。虽然大部分建筑均通过设置地下停车库解决机动车停车问题，但对于大型公共建筑尤其是文化、医疗、体育等建筑，室外停车场是不可缺少的，有必要增加相关规定。

    本条参照了建设标准《城市公共停车场工程项目建设标准》建标 128-2010 和行业标准《城市道路工程设计规范》CJJ37-2012（2016 年版），根据停车场的分类对停车场出入口的数量及单、双向行驶的出入口作出规定，既考虑停车场出入口的通行要求也须考虑管理的方便。表 5.2.6 是《城市公共停车场工程项目建设标准》建标 128-2010 规定的城市公共停车场规模分类。见表 5.2.6

城市公共停车场规模分类      表5.2.6

| 停车场类型 | 停车位数量（个） |
|---|---|
| 特大型停车场 | > 500 |
| 大型停车场 | 301 ~ 500 |
| 中型停车场 | 50 ~ 300 |
| 小型停车场 | ≤ 50 |

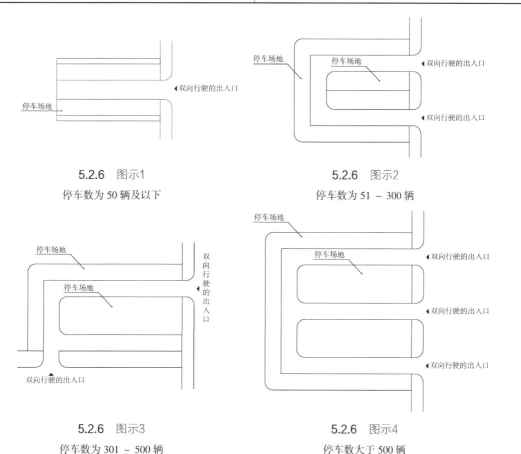

5.2.6 图示1
停车数为 50 辆及以下

5.2.6 图示2
停车数为 51 ~ 300 辆

5.2.6 图示3
停车数为 301 ~ 500 辆

5.2.6 图示4
停车数大于 500 辆

5.2.7 室外机动车停车场的出入口设置应符合下列规定：

    1 大于 300 辆停车位的停车场，各出入口的间距不应小于 15.0m；【图示 1】

    2 单向行驶的出入口宽度不应小于 4.0m，双向行驶的出入口宽度不应小于 7.0m。【图示 2】

【图示 3】

【条文说明】

    5.2.7 本条为新增内容。根据《城市公共停车场工程项目建设标准》建标 128-2010，行业标准《城市道路工程设计规范》CJJ 37-2012（2016 年版）的相关条文。本条引入了 300 辆停车位以上的大中型停车场的 2 个出入口间距应不小于 15m 的规定。

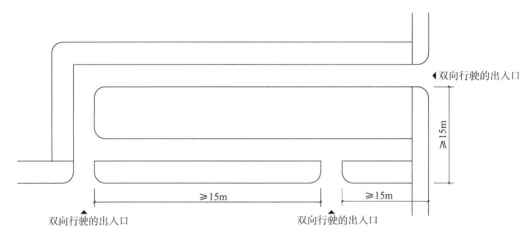

5.2.7　图示1

停车数大于 300 辆

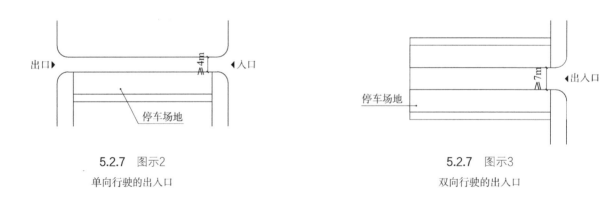

5.2.7　图示2

单向行驶的出入口

5.2.7　图示3

双向行驶的出入口

5.2.8 室外非机动车停车场应设置在基地边界线以内，出入口不宜设置在交叉路口附近，停车场布置应符合下列规定：

  1 停车场出入口宽度不应小于2.0m；【图示1】

  2 停车数大于等于300辆时，应设置不少于2个出入口；【图示2】

  3 停车区应分组布置，每组停车区长度不宜超过20.0m。【图示3】

**【条文说明】**

  5.2.8 本条为新增内容。根据我国现行的交通规定，电动自行车属于非机动车，本条所指非机动车包括自行车和电动自行车以及其他人力车辆。非机动车停车场应在基地范围内布置，要求不宜设置在交叉路口附近是为了减少对城市道路的交通影响；商业建筑、文化娱乐建筑和体育建筑的非机动车停车数量较大，当停车数大于300辆应增加出入口数量满足通行和疏散要求。电动自行车尺寸较大，对非机动车的出入口宽度提出最小尺寸规定，是为了方便电动自行车的通行。对停车区提出按组布置是为了通行顺畅。

5.2.8  图示1

非机动停车场出入口

5.2.8  图示2

非机动停车数大于等于300辆

5.2.8  图示3

停车区分组设置

## 5.3 竖向

5.3.1 建筑基地场地设计应符合下列规定：

1 当基地自然坡度小于5%时，宜采用平坡式布置方式；当大于8%时，宜采用台阶式布置方式，台地连接处应设挡墙或护坡；基地临近挡墙或护坡的地段，宜设置排水沟，且坡向排水沟的地面坡度不应小于1%。【图示1～图示3】

2 基地地面坡度不宜小于0.2%；当坡度小于0.2%时，宜采用多坡向或特殊措施排水。【图示4】

3 场地设计标高不应低于城市的设计防洪、防涝水位标高；沿江、河、湖、海岸或受洪水、潮水泛滥威胁的地区，除设有可靠防洪堤、坝的城市、街区外，场地设计标高不应低于设计洪水位0.5m，否则应采取相应的防洪措施；有内涝威胁的用地应采取可靠的防、排内涝水措施，否则其场地设计标高不应低于内涝水位0.5m。【图示5】

4 当基地外围有较大汇水汇入或穿越基地时，宜设置边沟或排（截）洪沟，有组织进行地面排水。【图示6】

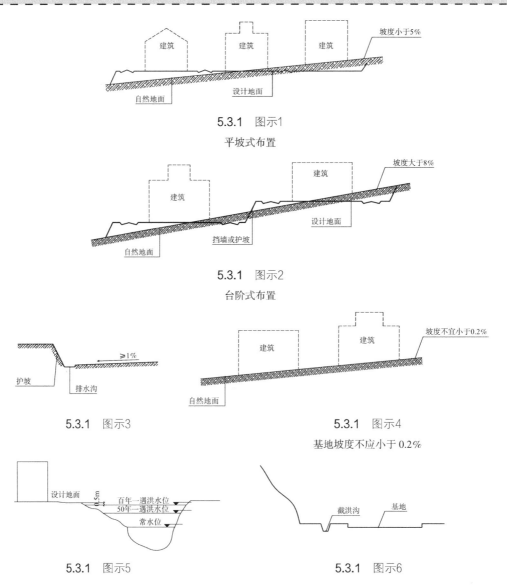

5.3.1 图示1

平坡式布置

5.3.1 图示2

台阶式布置

5.3.1 图示3

5.3.1 图示4

基地坡度不应小于0.2%

5.3.1 图示5

5.3.1 图示6

5 场地设计标高宜比周边城市市政道路的最低路段标高高 0.2m 以上；当市政道路标高高于基地标高时，应有防止客水进入基地的措施。【图示 7】

  6 场地设计标高应高于多年最高地下水位。【图示 8】

  7 面积较大或地形较复杂的基地，建筑布局应合理利用地形，减少土石方工程量，并使基地内填挖方量接近平衡。【图示 9】

【条文说明】

5.3.1

  1、2 坡度的确定根据现行行业标准《城乡建设用地竖向规划规范》CJJ83 修订。湿陷性黄土、膨胀土等特殊土壤地质场所的坡度设置应按相关标准执行。

  3 基地防洪、防涝的规定是保证用地安全的最基本条件。场地设防等级应符合现行国家标准《防洪标准》GB50201 的规定。

  5 本款的制定根据现行行业标准《城乡建设用地竖向规划规范》CJJ83 修订。

  6 本款的制定是为了保护用地免于长期受地下水浸泡，有利于建（构）筑物的安全稳固和地下管线的维护。

  7 土石方与防护工程是竖向设计方案是否合理、经济的重要评判指标。因此，多方案比较，使工程量最小，是设计应贯彻的基本原则。

5.3.1 图示7

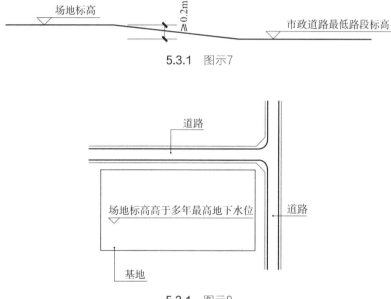

5.3.1 图示8

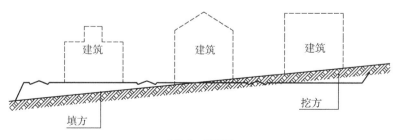

5.3.1 图示9

挖方填方量接近平衡

5.3.2 建筑基地内道路设计坡度应符合下列规定：

　　1 基地内机动车道的纵坡不应小于0.3%，且不应大于8%，当采用8%坡度时，其坡长不应大于200.0m。当遇特殊困难纵坡小于0.3%时，应采取有效的排水措施；个别特殊路段，坡度不应大于11%，其坡长不应大于100.0m，在积雪或冰冻地区不应大于6%，其坡长不应大于350.0m；横坡宜为1%～2%。【图示1～图示6】

　　2 基地内非机动车道的纵坡不应小于0.2%，最大纵坡不宜大于2.5%；困难时不应大于3.5%，当采用3.5%坡度时，其坡长不应大于150.0m；横坡宜为1%～2%。【图示7～图示10】

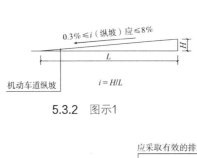

5.3.2　图示1

5.3.2　图示2

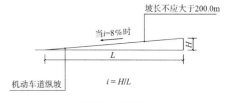

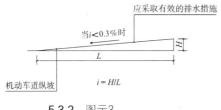

5.3.2　图示3

5.3.2　图示4

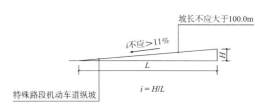

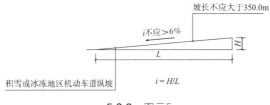

5.3.2　图示5

5.3.2　图示6

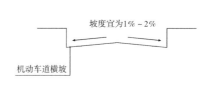

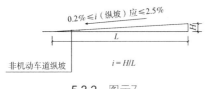

5.3.2　图示7

5.3.2　图示8

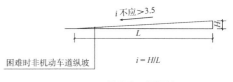

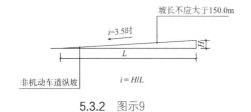

5.3.2　图示9

5.3.2　图示10

3　无障碍通道设计应符合现行国家标准《无障碍设计规范》GB 50763 有关规定。【图示 11】

4　纵坡是山地和丘陵地区竖向设计最关键和最敏感的内容。参照国内外相关道路设计标准，考虑到目前车辆性能的改善；在车辆低速行驶的街区道路、旅游度假区道路等设计或改造时，可根据实际情况，在保障安全的前提下，放宽对其最大纵坡要求。【图示 12】

5.3.3　建筑基地地面排水应符合下列规定：

1　基地内应有排除地面及路面雨水至城市排水系统的措施，排水方式应根据城市规划的要求确定。有条件的地区应充分利用场地空间设置绿色雨水设施，采取雨水回收利用措施。【图示 1】

2　当采用车行道排泄地面雨水时，雨水口形式及数量应根据汇水面积、流量、道路纵坡等确定。【图示 2】

3　单侧排水的道路及低洼易积水的地段，应采取排雨水时不影响交通和路面清洁的措施。【图示 3】

【条文说明】

5.3.3　建筑基地内地面及路面雨水应结合城市规划的城市排水系统进行设计。绿色雨水设施是指低洼区域或采取承担部分调蓄功能的景观水体、下凹式绿地、干草塘等设施。大型场地或分期开发的场地应进行雨水控制与利用的专项设计。

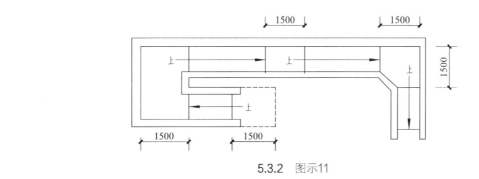

5.3.2　图示11

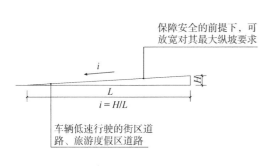

5.3.2　图示12

5.3.3　图示1

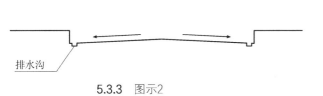

5.3.3　图示2

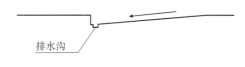

5.3.3　图示3

应采取不影响交通和路面清洁的措施

**5.3.4** 下沉庭院周边和车库坡道出入口处，应设置截水沟。【图示4】【图示5】

**5.3.5** 建筑物底层出入口处应采取措施防止室外地面雨水回流。【图示6】

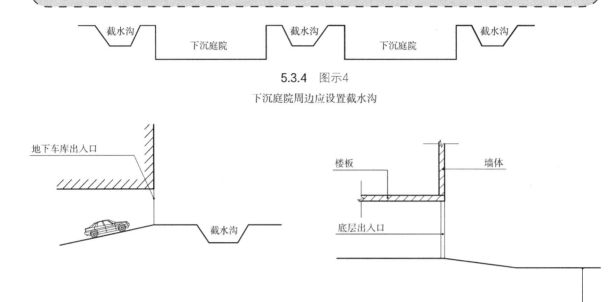

5.3.4 图示4

下沉庭院周边应设置截水沟

5.3.4 图示5

车库坡道出入口处应设置截水沟

5.3.5 图示6

防止雨水回流

**5.4 绿化**

**5.4.1** 绿化设计应符合下列规定：

1 绿地指标应符合当地控制性详细规划及城市绿地管理的有关规定。

2 应充分利用实土布置绿地，植物配置应根据当地气候、土壤和环境等条件确定。【图示1】
【图示2】

**【条文说明】**

5.4.1 建设项目基地内的绿地面积与规划建设要求应符合当地控制性详细规划及绿地管理的有关规定。绿地设置应结合建筑布局尽可能选择自然土壤通透的实土区域进行绿化，提高绿地的生态作用，减少建设行为对土壤生态平衡的不良影响。

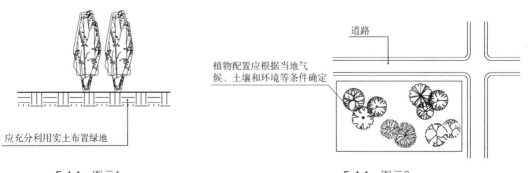

5.4.1 图示1

5.4.1 图示2

3 绿化与建（构）筑物、道路和管线之间的距离，应符合有关标准的规定。【图示 3～图示 13】

4 应保护自然生态环境，并应对古树名木采取保护措施。【图示 14】

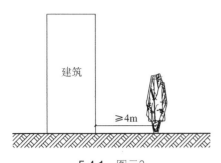

5.4.1 图示3

乔木中心距建筑物有窗外墙不小于 4m

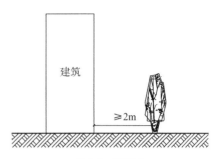

5.4.1 图示4

乔木中心距建筑物无窗外墙不小于 2m

5.4.1 图示5

乔木中心距电杆中心不小于 2m

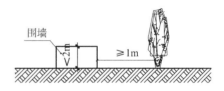

5.4.1 图示6

乔木中心距高 2m 以下的围墙不小于 1m

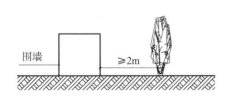

5.4.1 图示7

乔木中心距高 2m 以上的围墙（及挡土墙）不小于 2m

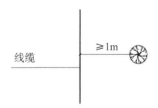

5.4.1 图示8

乔木中心距电力、电信线缆（直埋）不小于 1m

5.4.1 图示9

乔木中心距电信线缆（管道）、给水、雨水、污水管道不小于 1.5m

5.4.1 图示10

道路路面边缘距乔木中心不小于 1m

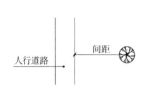

5.4.1 图示11

人行道路面边缘距乔木中心不小于2m

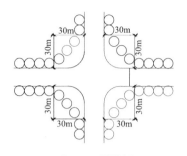

5.4.1 图示12

机动车交叉口与行道树的最小距离为30m

5.4.1 图示13

绿化与建（构）筑物、道路和管线之间的距离，应符
合有关标准的规定

5.4.1 图示14

保护自然生态环境

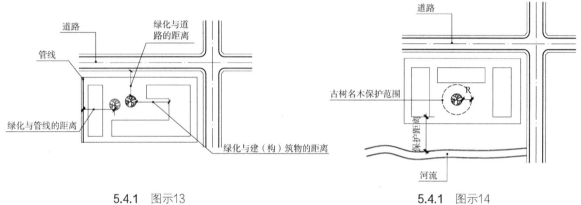

5.4.2 地下建筑顶板上的绿化工程应符合下列规定：

1 地下建筑顶板上的覆土层宜采取局部开放式，开放边应与地下室外部自然土层相接；并应根据地下建筑顶板的覆土厚度，选择适合生长的植物。

2 地下建筑顶板设计应满足种植覆土、综合管线及景观和植物生长的荷载要求。【图示1】

3 应采用防根穿刺的建筑防水构造。【图示2】

【条文说明】

5.4.2 1地下建筑顶板覆土层尽可能与自然土连接。以满足排水及植被土壤层微生物及菌类的生长；若地下室面积较大，其顶板绿化应充分考虑所处地域、气候条件、年平均降雨量、种植形式、土壤条件、覆土厚度等因素进行排水设计。由于受到地下建筑及地下管网的阻断，覆土绿化的植物无法通过土壤毛细管上升作用吸收到生长所需的地下水，因此覆土厚度应满足植物生长的要求，保证绿化的长期效果。

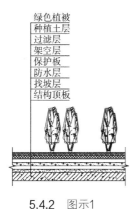

5.4.2 图示1

满足种植覆土、综合管线及景观和植物生长的荷载要求

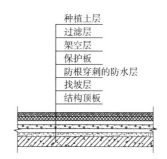

5.4.2 图示2

采用防根穿刺的防水层

## 5.5 工程管线布置

**5.5.1 工程管线宜在地下敷设；在地上架空敷设的工程管线及工程管线在地上设置的设施，必须满足消防车辆通行及扑救的要求，不得妨碍普通车辆、行人的正常活动，并应避免对建筑物、景观的影响。【图示1】【图示2】**

【条文说明】

5.5.1 工程管线的地下敷设有利于环境的美观及空间的合理利用，并使地面上车辆、行人的活动及工程管线自身得以安全保证。

作为首先考虑的敷设方式在此次修编中增加并首条列出。

有些地区由于地质条件差等原因，工程管线不得不在地上架空敷设，设计上要解决工程管线的架空敷设对交通、人员、建筑物及景观带来的安全及其他问题。同样，工程管线在地上设置的设施，如：变配电设施、燃气调压设施、室外消火栓等不仅要满足相关专业标准的规定，在总图、建筑专业设计上也要解决这些地上设施可能对交通、人员、建筑物及景观带来的安全及其他问题。

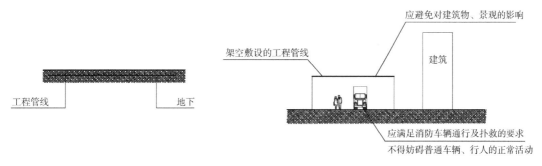

5.5.1 图示1

工程管线宜在地下敷设

5.5.1 图示2

5.5.2 与市政管网衔接的工程管线，其平面位置和竖向标高均应采用城市统一的坐标系统和高程系统。

5.5.3 工程管线的敷设不应影响建筑物的安全，并应防止工程管线受腐蚀、沉陷、振动、外部荷载等影响而损坏。【图示】

【条文说明】

5.5.2 此条是原则性条款，以确保工程管线在平面位置和竖向高程系统的一致，避免与市政管网互不衔接的情况。

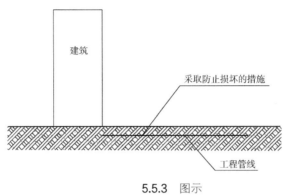

5.5.3 图示

工程管线敷设不影响建筑安全

5.5.4 在管线密集的地段，应根据其不同特性和要求综合布置，宜采用综合管廊布置方式。对安全、卫生、防干扰等有影响的工程管线不应共沟或靠近敷设。互有干扰的管线应设置在综合管廊的不同沟（室）内。【图示1】【图示2】

【条文说明】

5.5.4 综合管沟敷设工程管线的方式，对人们日常出行、生活干扰较少，优点明显。为保证综合管沟内的各工程管线正常运行，应将互有干扰的工程管线分设于综合管沟的不同小室内；在采取相应隔离措施并满足相关专业标准要求后，也可在管沟两侧分别布置。采用综合管沟前，应做多方案技术经济比较，以确保经济合理性。

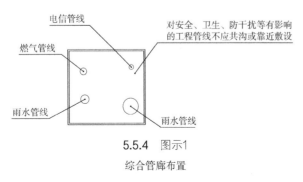

5.5.4 图示1

综合管廊布置

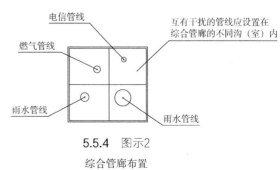

5.5.4 图示2

综合管廊布置

**5.5.5** 地下工程管线的走向宜与道路或建筑主体相平行或垂直。工程管线应从建筑物向道路方向由浅至深敷设【图示1】【图示2】。干管宜布置在主要用户或支管较多的一侧，工程管线布置应短捷、转弯少，减少与道路、铁路、河道、沟渠及其他管线的交叉，困难条件下其交角不应小于45°。

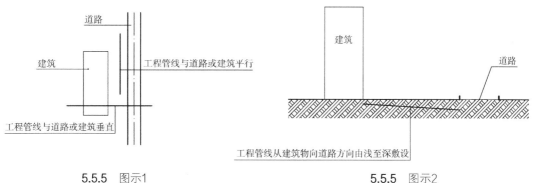

5.5.5 图示1                    5.5.5 图示2

**5.5.6** 与道路平行的工程管线不宜设于车行道下；当确有需要时，可将埋深较大、翻修较少的工程管线布置在车行道下。【图示】

**5.5.7** 工程管线之间的水平、垂直净距及埋深，工程管线与建（构）筑物、绿化树种之间的水平净距应符合国家现行有关标准的规定。当受规划、现状制约，难以满足要求时，可根据实际情况采取安全措施后减少其最小水平净距。【图示1～图示3】

**【条文说明】**

5.5.7 此条款的修编除保留原《通则》中工程管线之间的水平、垂直净距及埋深，工程管线与建（构）筑物及绿化树种的水平净距的规定要符合有关标准规定的说法外，另根据我国目前实际工程情况，增加了可适度减少水平、垂直净距的方法。

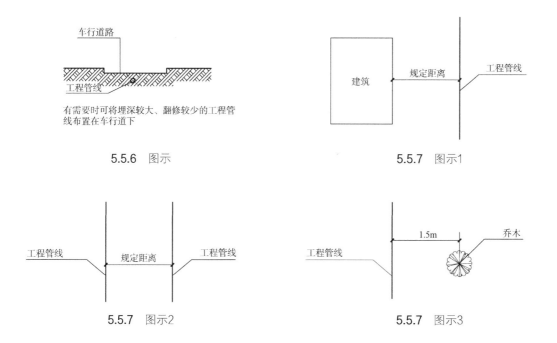

5.5.6 图示                    5.5.7 图示1

5.5.7 图示2                    5.5.7 图示3

5.5.8 抗震设防烈度 7 度及以上地震区、多年冻土区、严寒地区、湿陷性黄土地区及膨胀土地区的室外工程管线, 应符合国家现行有关标准的规定。

5.5.9 各种工程管线不应在平行方向重叠直埋敷设。【图示】

【条文说明】

5.5.9 此条款的增加是为了维修方便和使用安全。

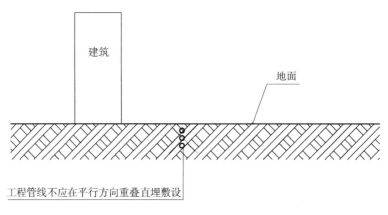

建筑

地面

工程管线不应在平行方向重叠直埋敷设

5.5.9 图示

5.5.10 工程管线的检查井井盖宜有锁闭装置。【图示】

【条文说明】

5.5.10 工程管线检查井井盖的缺失, 造成许多隐患。要求工程管线的检查井井盖宜有锁闭装置, 是为了以防井盖的缺失造成行人伤亡或车辆损毁。

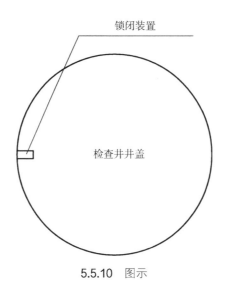

锁闭装置

检查井井盖

5.5.10 图示

**5.5.11**　当基地进行分期建设时，应对工程管线做整体规划。前期的工程管线敷设不得影响后期的工程建设。【图示】

【条文说明】

5.5.11　此条的制定目的是防止近、远期工程的管线布置处理不当而形成不合理的布局，造成土地浪费、布置混乱、环境不佳，并给施工、检修、使用带来诸多不便。

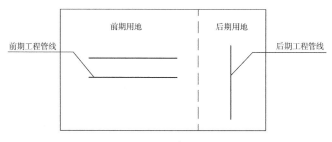

5.5.11　图示

对工程管线整体规划，前期的工程管线敷设不得影响后期的工程建设

**5.5.12**　与基地无关的可燃易爆的市政工程管线不得穿越基地。当基地内已有此类管线时，基地内建筑和人员密集场所应与此类管线保持安全距离。【图示】

**5.5.13**　当室外消防水池设有消防车取水口（井）时，应设置消防车到达取水口（井）的消防车道和消防车回车场地。【图示】

【条文说明】

5.5.12　本条的制定是总结了经验教训，为保证人身安全及防止扩大危害。安全距离应符合专业标准规定。

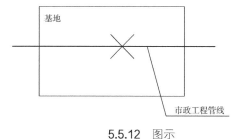

5.5.12　图示

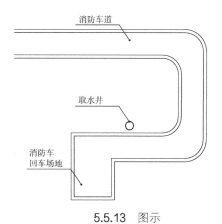

5.5.13　图示

# 6 建筑物设计

## 6.1 建筑标定人数的确定

**6.1.1** 有固定座位等标明使用人数的建筑，应按照标定人数为基数计算配套设施、疏散通道和楼梯及安全出口的宽度。【图示】

**6.1.2** 对无标定人数的建筑应按国家现行有关标准或经调查分析确定合理的使用人数，并应以此为基数计算配套设施、疏散通道和楼梯及安全出口的宽度。

【条文说明】

6.1.2 建筑物应按防火标准有关规定计算安全疏散楼梯、走道和出口的宽度和数量，以便在火灾等紧急情况下人员迅速安全疏散。有标定人数的建筑物（剧场、体育场馆等），可按标定的使用人数计算；对于无标定人数的建筑物，即未标定使用人数的建筑物，如商场、展厅等，其使用人数应根据有关设计标准，按房间的人员密度值进行折算，根据所处城市、地段、规模等不同，经过调查分析，确定合理人员密度，以此为基数，计算厕所洁具等配套设施的数量，以及安全疏散出口的宽度和数量。

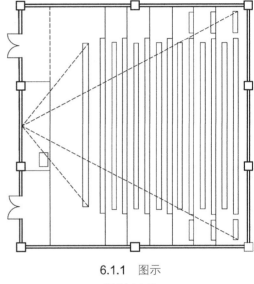

6.1.1 图示

报告厅疏散

**6.1.3** 多功能用途的公共建筑中，各种场所有可能同时使用同一出口时，在水平方向应按各部分使用人数叠加计算安全疏散出口和疏散楼梯的宽度；在垂直方向，地上建筑应按楼层使用人数最多一层计算以下楼层安全疏散楼梯的宽度，地下建筑应按楼层使用人数最多一层计算以上楼层安全疏散楼梯的宽度。【图示】

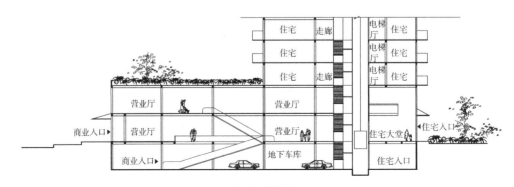

6.1.3 图示

多功能用途公共建筑

## 6.2  平面布置

6.2.1  建筑平面应根据建筑的使用性质、功能、工艺等要求合理布局,并具有一定的灵活性。【图示】

【条文说明】

6.2.1  建筑的使用寿命较长, 在设计时无法预见今后的变化, 若平面布置具有灵活性和可变性, 可为今后的改扩建提供条件。

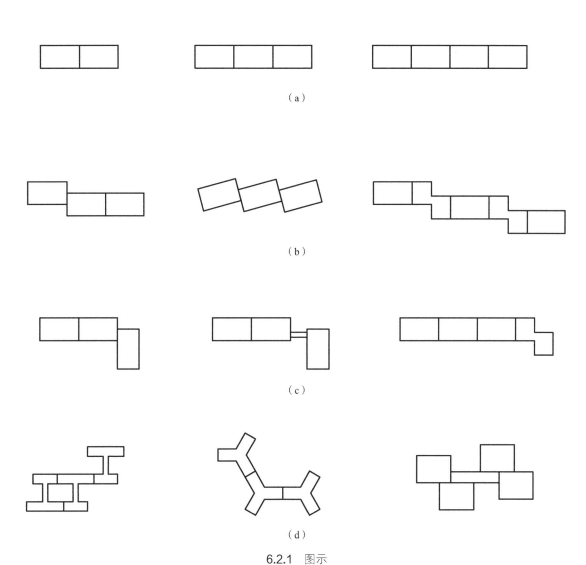

6.2.1  图示

(a) 平直组合;(b) 错位组合;(c) 转角组合;(d) 多向组合

6.2.2 根据使用功能,建筑的使用空间应充分利用日照、采光、通风和景观等自然条件。【图示1】对有私密性要求的房间,应防止视线干扰。【图示2】

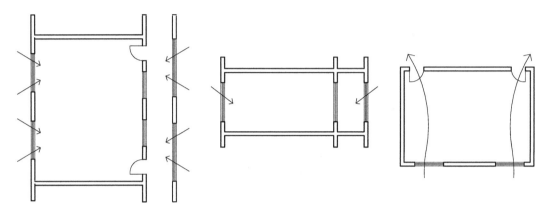

6.2.2 图示1

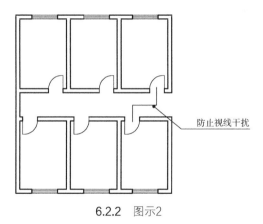

防止视线干扰

6.2.2 图示2

**6.2.3** 建筑出入口应根据场地条件、建筑使用功能、交通组织以及安全疏散等要求进行设置。
【图示】

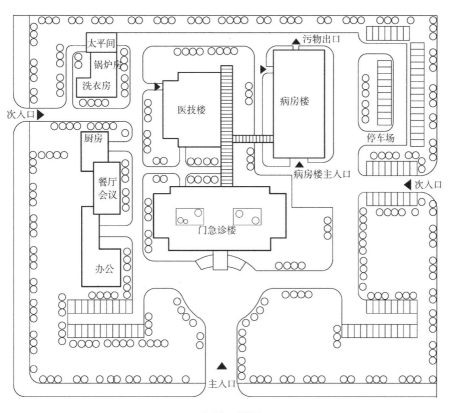

6.2.3 图示

医院平面设计

**6.2.4** 地震区的建筑平面布置宜规整。【图示】

【条文说明】

6.2.4 我国是多震区国家，本条对地震区建筑平面布置的特殊性提出了符合抗震要求的相应规定。

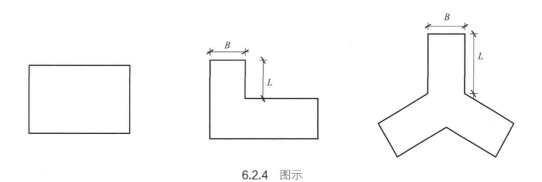

6.2.4 图示

## 6.3 层高和室内净高

**6.3.1** 建筑层高应结合建筑使用功能、工艺要求和技术经济条件等综合确定，并符合国家现行相关建筑设计标准的规定。

【条文说明】

6.3.1 鉴于不同使用功能建筑对层高的要求有较大的差别，具体到每个建筑也存在差异性，所以不宜作统一的规定，应结合具体的使用功能、工艺要求和技术经济条件等综合确定，并符合相关专用建筑设计标准的规定。

**6.3.2** 室内净高应按楼地面完成面至吊顶、楼板或梁底面之间的垂直距离计算【图示1】；当楼盖、屋盖的下悬构件或管道底面影响有效使用空间时，应按楼地面完成面至下悬构件下缘或管道底面之间的垂直距离计算。【图示2】

【条文说明】

本条对室内净高计算方法作出规定。除一般规定外，对楼板和屋盖的下悬构件（如密肋板、薄壳楼板、桁架、网架以及通风管道等）影响有效使用空间时，规定应按楼地面完成面至构件下缘（肋底、下弦或者管道底等）之间的垂直距离计算。

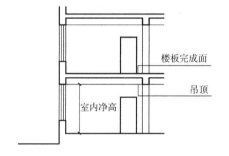

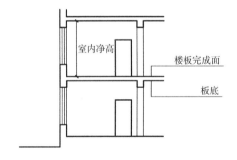

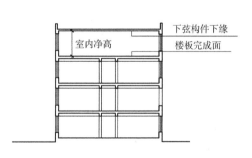

6.3.2 图示1

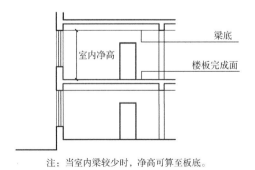

注：当室内梁较少时，净高可算至板底。

6.3.2 图示1

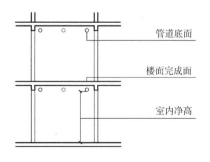

6.3.2 图示2

**6.3.3** 建筑用房的室内净高应符合国家现行相关建筑设计标准的规定，地下室、局部夹层、走道等有人员正常活动的最低处净高不应小于 2.0m。【图示】

【条文说明】

建筑各类用房的室内净高按使用要求有较大的不同，应分别符合相关专用建筑设计标准的有关规定。地下室、局部夹层、走道等空间带有共同性，规定最低处不应小于 2m 的净高是考虑到人体站立和通行必要的高度和一定的视距。国内外标准一般按此规定。

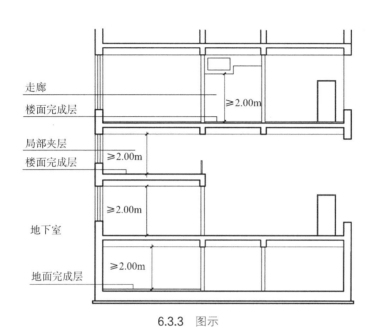

6.3.3 图示

## 6.4 地下室和半地下室

**6.4.1** 地下室和半地下室应合理布置地下停车库、地下人防工程、各类设备用房等功能空间及其出入口，出入口、进排风竖井的地面建（构）筑物应与周边环境协调。

**6.4.2** 地下建筑连接体的设计应符合城市地下空间规划的相关规定，并应做到导向清晰、流线简捷，防火分区与管理等界线明确。

**6.4.3** 地下室和半地下室的建造不得影响相邻建（构）筑物、市政管线等的安全。

【条文说明】

**6.4.1 ~ 6.4.3** 目前我国已经进入地下空间快速发展时期，我国城市地下空间开发利用已经由单一的开发利用模式逐渐转变为综合开发利用模式。建筑地下室尤其大型公共建筑的地下室与城市地下空间的连接的实例逐渐增多。为突出地下室与城市地下空间联系的重要性。将原《通则》第 6.3.1 条相关内容单列出为第 6.4.2 条，并强调联系便利。同时分界明确。

目前设计项目中的室外管线设计往往滞后，且设计人员对护坡挡土墙厚度不甚了解。地下室边界退止基地边界的距离不足，带来后期施工、室外管线设计困难等问题，有的甚至影响相邻建（构）筑物、市政管线等的安全。所以特别补充了第 6.4.3 条。

**6.4.4** 当日常为人员使用时，地下室和半地下室应满足安全、卫生及节能的要求，且宜利用窗井或下沉庭院等进行自然通风和采光。其他功能的地下室和半地下室应符合国家现行有关标准的规定。【图示】

**6.4.5** 地下室和半地下室外围护结构应规整，其防水等级及技术要求应符合现行国家标准《地下工程防水技术规范》GB 50108 的规定，并应符合下列规定:【图示】

    1 应设排水设施；

    2 出入口、窗井、下沉庭院、风井等应有防止涌水、倒灌的措施。

【条文说明】

    **6.4.5** 本条文在原条文的基础上简化内容，主要强调防、排两方面的内容。地下室防排水设计应综合考虑地表水、地下水、毛细管水等的作用以及人为因素引起的附近水文地质改变的影响；地下室出地面的建筑、管线等应注意防排水、保温措施；严寒及寒冷地区的排水沟应有防冻措施；严寒地区的汽车坡道宜采用融雪措施。由于山地、坡地建筑受山洪灾害危害较大，所以布置在山地、斜坡上的地下室应采用山坡截水沟，截水沟断面应通过计算确定。

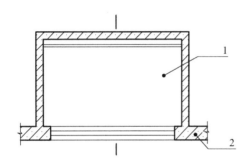
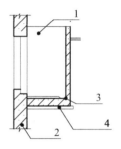

1-窗井；2-主体结构；3-排水管；4-垫层

6.4.4 图示

窗井防水构造

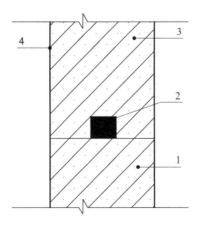

1-先浇混凝土；2-遇水膨胀止水条（胶）；
3-后浇混凝土；4-结构迎水面

6.4.5 图示

施工缝防水构造

6.4.6 地下室和半地下室的耐火等级、防火分区、安全疏散、防排烟设施、房间内部装修等应符合现行国家标准《建筑设计防火规范》GB 50016 的有关规定。

6.4.7 地下室不应布置居室；当居室布置在半地下室时，必须采取满足采光、通风、日照、防潮、防霉及安全防护等要求的相关措施。【图示】

【条文说明】

6.4.7 考虑到目前将居住用房设于地下室的情况不仅在住宅建筑中存在，而且在旅馆、宿舍等建筑中也存在，所以将原《通则》中"居住建筑中的居室不应布置在地下室内"改为"地下室不应布置居室"。另从绿色建筑设计出发，提倡地下室采取自然采光通风等措施。

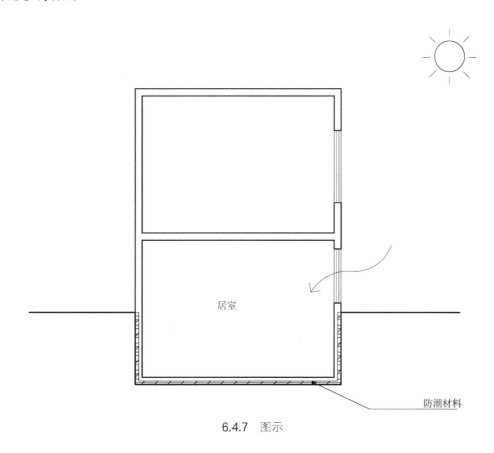

6.4.7 图示

## 6.5 设备层、避难层和架空层

6.5.1 设备层设置应符合下列规定：

1 设备层的净高应根据设备和管线的安装检修需要确定；

2 设备层的布置应便于设备的进出和检修操作；

3 在安全及卫生等方面互有影响的设备用房不宜相邻布置；

4 应采取有效的措施，防止有振动和噪声的设备对设备层上、下层或毗邻的使用空间产生不利影响；

5 设备层应有自然通风【图示 1】或机械通风【图示 2】。

【条文说明】

6.5.1 设备层的净高应根据设备和管线数设高度及安装检修需要来确定，不宜作统一规定。

设备层的设置位置及布局要便于市政管线的接入和设备的进出以及维护、维修。如有些设备的安装一般在土建完工后进行，所以对体量较大或使用一定年限需要更新换件的设备，在布局中要充分考虑设备及部件的进入通道或吊装口的设置需求。

对有产生振动和噪声的设备用房，应采取减振降噪的措施。对有特殊安静要求的居住用房，其直接上层、下层和毗邻的房间内，尽量避免设置设备层中振动和噪声较大的给水加压、循环冷却等设备用房，因无特别有效的减振降噪措施，很难满足现行国家标准《民用建筑隔声设计规范》GB 50118对居住用房的居住环境要求，所以在建筑布局时应权衡考虑。

设备层内各种机械设备和管线在运行中产生的热量，或跑、冒、滴、漏等现象会增加室内的温湿度，影响设备正常运转和使用，也不利于操作和维修人员正常工作。因此规定设备层应有自然通风或机械通风。当设于地下室又无机械通风装置时，应在外墙设出风口或通风道，其面积应满足换气的要求。无设备仅有管道穿行的管道层，其空间按管道所需进行设置。

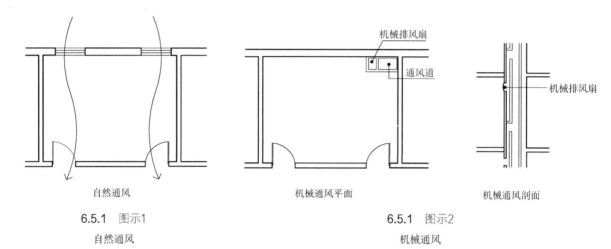

自然通风

6.5.1 图示1
自然通风

机械通风平面

机械通风剖面

6.5.1 图示2
机械通风

6.5.2 避难层的设置应符合现行国家标准《建筑设计防火规范》GB 50016的规定，并应符合下列规定：

1 避难层在满足避难面积的情况下，避难区外的其他区域可兼作设备用房等空间，但各功能区应相对独立，并应满足防火、隔振、隔声等的要求；

2 避难层的净高不应低于2.0m。当避难层兼顾其他功能时，应根据功能空间的需要来确定净高。【图示1】

【条文说明】

6.5.2 避难层的位置、面积、构造及设备设施的配置要求在现行国家标准《建筑设计防火规范》GB 50016中已有明确的规定，本条做了原则性提示。

避难层除了满足避难面积设置的避难区（间）外，一般可兼顾设备或其他功能区的设置。以办公建筑为例：一般办公的使用面积为8m²/人，而设计避难人数5人/m²，根据此设置标准可知：每人避难层的避难使用面积相当于每层办公面积的1/40，再加上避难层的设置相隔一般不超过50m，【图示2】也就是再考虑最多不超过15层的避难人数，避难面积一般不会超过标准层的使用面积的一半，如果是酒店或公寓，避难人数还少，避难面积会更小，剩余的一多半面积就可设置设备或其他功能等用房，【图示3】但设计中要注意满足各功能区之间的防火、隔声、防振、防水、维护管理等要求。

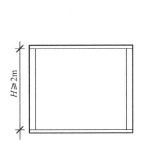

6.5.2  图示1
避难层室内净高

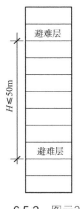

6.5.2  图示2
避难层间隔距离

6.5.2  图示3
避难层面积

6.5.3  有人员正常活动的架空层的净高不应低于2.0m。【图示】

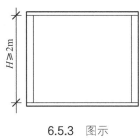

6.5.3  图示
架空层净高

6.6  厕所、卫生间、盥洗室、浴室和母婴室

6.6.1  厕所、卫生间、盥洗室和浴室的位置应符合下列规定：

1  厕所、卫生间、盥洗室和浴室应根据功能合理布置，位置选择应方便使用、相对隐蔽，并应避免所产生的气味、潮气、噪声等影响或干扰其他房间。室内公共厕所的服务半径应满足不同类型建筑的使用要求，不宜超过 50.0m。【图示 1】

6.6.1  图示1
卫生间服务半径

2 在食品加工与贮存、医药及其原材料生产与贮存、生活供水、电气、档案、文物等有严格卫生、安全要求房间的直接上层，不应布置厕所、卫生间、盥洗室、浴室等有水房间；在餐厅、医疗用房等有较高卫生要求用房的直接上层，应避免布置厕所、卫生间、盥洗室、浴室等有水房间【图示2】，否则应采取同层排水和严格的防水措施【图示3】。

3 除本套住宅外，住宅卫生间不应布置在下层住户的卧室、起居室、厨房和餐厅的直接上层【图示4】。

**【条文说明】**

6.6.1 1 人员较少或使用频率较低时，服务半径可适当加大。

2 本款对于有水房间下面的用房根据其对卫生、安全要求的严格程度进行了区分，在公共建筑中，对于有严格卫生、安全要求的房间上方，必须杜绝渗漏的隐患，不允许布置有水房间；对于餐厅、医疗等有较高卫生要求用房，原来上部也是不允许布置有水房间的，这类房间一旦发生渗漏会产生较大的损失，应尽量避免渗漏的隐患。随着技术的发展，采取有效的措施是可以避免渗漏的，因此进行了适当地放宽。如果采用双层楼板的做法，下层楼板必须做防水，并且当上层楼板发生渗漏时，应能及时发现和检修。

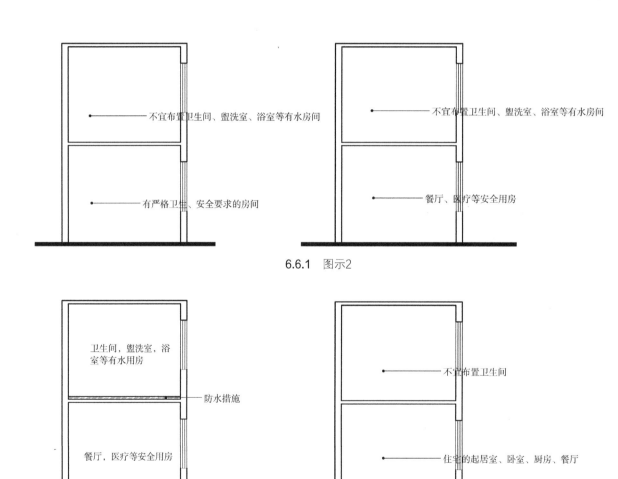

6.6.1 图示2

6.6.1 图示3　　　　　　　　　　6.6.1 图示4

**6.6.2** 卫生器具配置的数量应符合国家现行相关建筑设计标准的规定。男女厕位的比例应根据使用特点、使用人数确定。在男女使用人数基本均衡时，男厕厕位（含大、小便器）与女厕厕位数量的比例宜为 1：1 ~ 1：1.5；在商场、体育场馆、学校、观演建筑、交通建筑、公园等场所，厕位数量比不宜小于 1：1.5 ~ 1：2。【图示】

**【条文说明】**

6.6.2 由于女性排队如厕的现象比较普遍，经调研，男女平均如厕的时间比例接近 1：1.5，因此，在男女人数相当时，男女厕位的比例宜为 1：1.5，在有女性人数大于男性人数，或大量人员集中使用的场所要进一步增加女厕厕位配置的数量。

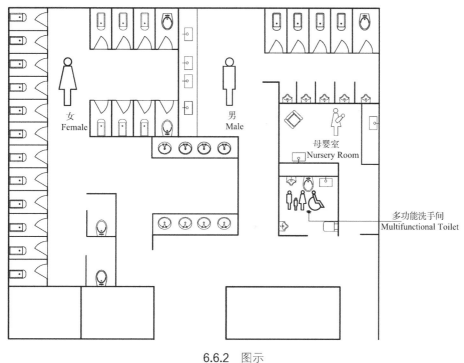

6.6.2 图示

卫生间器具配置

**6.6.3** 厕所、卫生间、盥洗室和浴室的平面布置应符合下列规定：

  1 厕所、卫生间、盥洗室和浴室的平面设计应合理布置卫生洁具及其使用空间，管道布置应相对集中、隐蔽。有无障碍要求的卫生间应满足国家现行有关无障碍设计标准的规定。【图示1】

  2 公共厕所、公共浴室应防止视线干扰，宜分设前室。【图示2】

**【条文说明】**

6.6.3 1 公共厕所的大便器宜以蹲便器为主，并应为老年人和残疾人设置一定比例的坐便器。在有儿童使用的卫生间，宜设置儿童尺度的洗洗盆、厕位。

  大、小便的冲洗宜采用自动感应或脚踏开关冲便装置。厕所的洗手龙头、洗手液宜采用非接触式的器具，并宜配置烘干机或一次性纸巾。洗手盆宜与洗手液、烘手器、纸巾盒位置靠近，或一体化组合设计。

  2 在有大量人员集中使用的公共厕所，宜设开敞式迷宫入口前区。

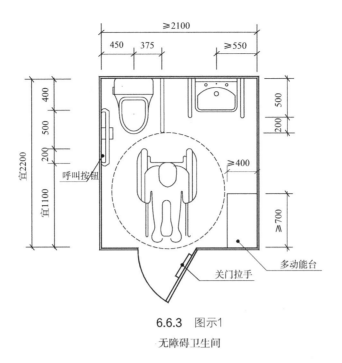

6.6.3　图示1

无障碍卫生间

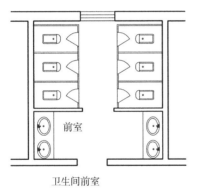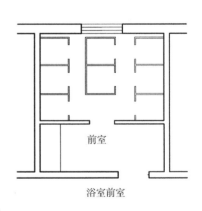

6.6.3　图示2

　　3　公共厕所宜设置独立的清洁间。

　　4　公共活动场所宜设置独立的无性别厕所，且同时设置成人和儿童使用的卫生洁具。无性别厕所可兼做无障碍厕所。【图示3】

【条文说明】

　　4　无性别卫生间是为解决一部分特殊对象（不同性别的家庭成员共同外出,其中一人的行动无法自理）上厕不便的问题,主要是指女儿协助老父亲,儿子协助老母亲,母亲协助小男孩,父亲协助小女孩等。无性别厕所内的设备应考虑儿童及老人使用方便,并应有特殊标志和说明。

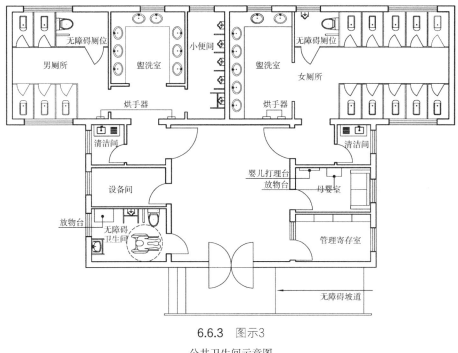

6.6.3　图示3

公共卫生间示意图

6.6.4　厕所和浴室隔间的平面尺寸应根据使用特点合理确定，并不应小于表6.6.4的规定。交通客运站和大中型商店等建筑物的公共厕所，宜加设婴儿尿布台和儿童固定座椅。交通客运站厕位隔间应考虑行李放置空间，其进深尺寸宜加大0.2m，便于放置行李。儿童使用的卫生器具应符合幼儿人体工程学的要求。无障碍专用浴室隔间的尺寸应符合现行国家标准《无障碍设计规范》GB 50763的规定。

【条文说明】

6.6.4　表6.6.4规定了隔间平面尺寸，均为最小尺寸，在标准较高的场所应适当增加。表中隔间尺寸以板中－板中尺寸计（10～20mm厚的轻质薄板），如采用较厚的材料，尺寸应相应加大。见表6.6.4。

隔间平面尺寸（m）　　　　　　　　　　　　　　　　　　表6.6.4

| 类别 | 平面尺寸（宽度m×深度m） |
|---|---|
| 外开门的厕所隔间 | 0.9×1.2（蹲便器）0.9×1.3（坐便器） |
| 内开门的厕所隔间 | 0.9×1.4（蹲便器）0.9×1.5（坐便器） |
| 医院患者专用厕所隔间（外开门） | 1.1×1.5（门闩应能里外开启） |
| 无障碍厕所隔间（外开门） | 1.5×2.0（不应小于1.0×1.8） |
| 外开门淋浴隔间 | 1.0×1.2（或1.1×1.1） |
| 内设更衣凳的淋浴隔间 | 1.0×（1.0+0.6） |

6.6.5 卫生设备间距应符合下列规定：

　　1 洗手盆或盥洗槽水嘴中心与侧墙面净距不应小于0.55m；居住建筑洗手盆水嘴中心与侧墙面净距不应小于0.35m。【图示1】

　　2 并列洗手盆或盥洗槽水嘴中心间距不应小于0.70m。【图示2】

　　3 单侧并列洗手盆或盥洗槽外沿至对面墙的净距不应小于1.25m；居住建筑洗手盆外沿至对面墙的净距不应小于0.60m。【图示3】

　　4 双侧并列洗手盆或盥洗槽外沿之间的净距不应小于1.80m。【图示4】

【条文说明】

　　6.6.5 卫生设备间距规定依据以下几个尺度：供一个人通过的宽度为0.55m；供一个人洗脸左右所需尺寸为0.70m，前后所需尺寸（离盆边）为0.55m；供一个人捧一只洗脸盆将两肘收紧所需尺寸为0.70m；隔间小门为0.60m宽；各款规定依据如下：

　　1 考虑靠侧墙的洗脸盆旁留有下水管位置或靠墙活动无障碍距离；居住建筑在空间紧张时可以适当减小，但不得小于0.35m。

　　2 弯腰洗脸左右尺寸所需。

　　3 一人弯腰洗脸，一人捧洗脸盆通过所需；居住建筑因可以避让，可以适当减小。

　　4 二人弯腰洗脸，一人捧洗脸盆通过所需。

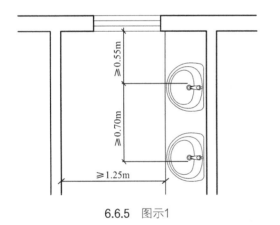

6.6.5　图示1

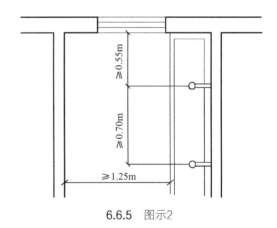

6.6.5　图示2

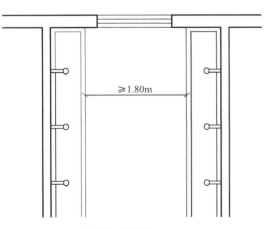

6.6.5　图示3

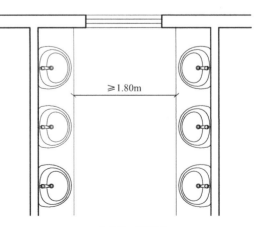

6.6.5　图示4

> 5 并列小便器的中心距离不应小于 0.7m，小便器之间宜加隔板，小便器中心距侧墙或隔板的距离不应小于 0.35m，小便器上方宜设置搁物台【图示5】。
>
> 6 单侧厕所隔间至对面洗手盆或盥洗槽的距离，当采用内开门时，不应小于 1.3m；【图示6】当采用外开门时，不应小于 1.5m【图示7】。

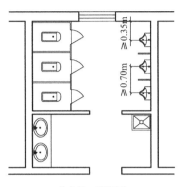

6.6.5 图示5

并列小便器中心距离

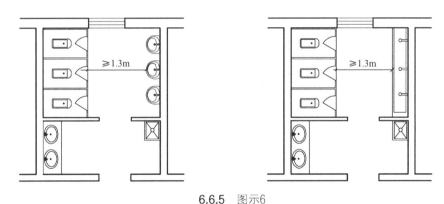

6.6.5 图示6

单侧厕所隔间至对面洗手盆或盥洗槽的距离（内开门）

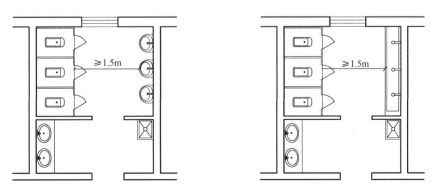

6.6.5 图示7

单侧厕所隔间至对面洗手盆或盥洗槽的距离（外开门）

7 单侧厕所隔间至对面墙面的净距，当采用内开门时不应小于1.1m，当采用外开门时不应小于1.3m【图示8】；双侧厕所隔间之间的净距，当采用内开门时不应小于1.1m，当采用外开门时不应小于1.3m【图示9】。

【条文说明】

7 门内开时两人可同时通过；门外开时，一边开门另一人通过，或两边门同时外开，均留有安全间隙；双侧内开门隔间在4.20m开间中能布置，外开门在3.90m开间中能布置。

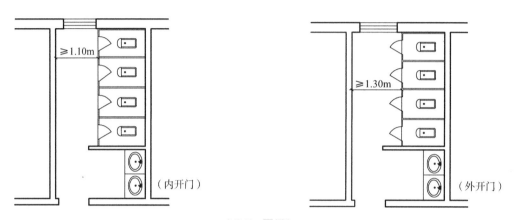

6.6.5 图示8

单侧厕所隔间至对面墙净距

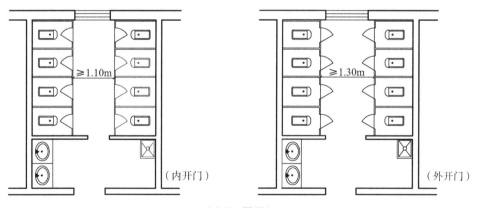

6.6.5 图示9

双侧厕所隔间至对面墙净距

8 单侧厕所隔间至对面小便器或小便槽的外沿的净距，当采用内开门时不应小于1.1m【图示10】，当采用外开门时不应小于1.3m【图示11】；小便器或小便槽双侧布置时，外沿之间的净距不应小于1.3m（小便器的进深最小尺寸为350mm）。

【条文说明】

8 此外沿指小便器的外边缘或小便槽踏步的外边缘。内开门时两人可同时通过，均能在3.60m开间中布置。

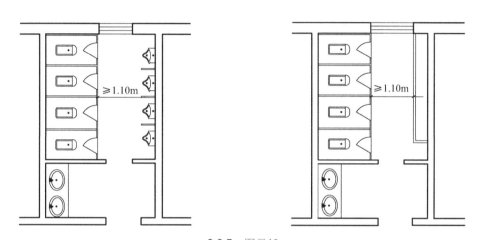

6.6.5 图示10

单侧厕所隔间至小便器或小便槽距离（内开门）

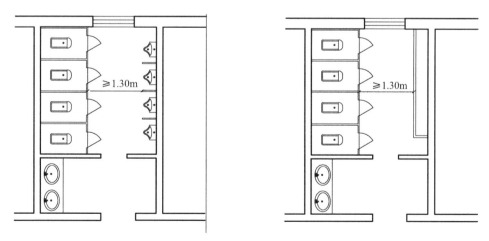

6.6.5 图示11

单侧厕所隔间至小便器或小便槽距离（外开门）

9 浴盆长边至对面墙面的净距不应小于 0.65m【图示 12】；无障碍盆浴间短边净宽度不应小
2.0m【图示 13】，并应在浴盆一端设置方便进入和使用的坐台，其深度不应小于 0.4m。

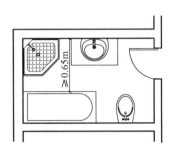

6.6.5 图示12

浴池长边至墙的距离

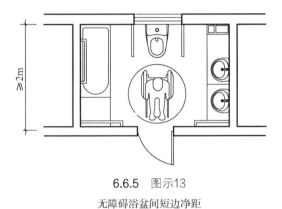

6.6.5 图示13

无障碍浴盆间短边净距

6.6.6 在交通客运站、高速公路服务站、医院、大中型商店、博览建筑、公园等公共场所应设置
母婴室，办公楼等工作场所的建筑物内宜设置母婴室。母婴室应符合下列规定：
 1 母婴室应为独立房间且使用面积不宜低于 10.0m²；【图示】
 2 母婴室应设置洗手盆、婴儿尿布台及桌椅等必要的家具；
 3 母婴室的地面应采用防滑材料铺装。

6.6.6 图示

母婴室

## 6.7 台阶、坡道和栏杆

**6.7.1** 台阶设置应符合下列规定：

    1 公共建筑室内外台阶踏步宽度不宜小于 0.3m，踏步高度不宜大于 0.15m，且不宜小于 0.1m；【图示1】

    2 踏步应采取防滑措施；【图示1】

    3 室内台阶踏步数不宜少于 2 级，当高差不足 2 级时，宜按坡道设置；【图示2】

    4 台阶总高度超过 0.7m 时，应在临空面采取防护设施；【图示3】

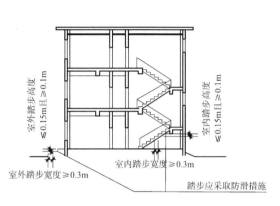

6.7.1 图示1

公共建筑室内外台阶踏步高宽

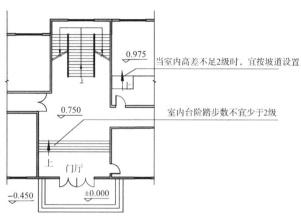

6.7.1 图示2

室内台阶踏步较低时按坡道设置

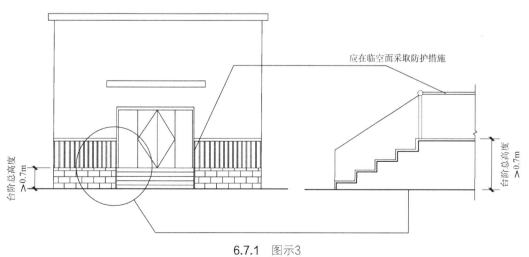

6.7.1 图示3

台阶临空面防护设施

5 阶梯教室【图示4】、体育场馆【图示5】和影剧院观众厅纵走道的台阶设置【图示6】应符合国家现行相关标准的规定。

【条文说明】

6.7.1 阶梯教室、影剧院观众席、体育场馆看台的台阶设置主要取决于视线升起要求，设计需符合各专项设计标准。

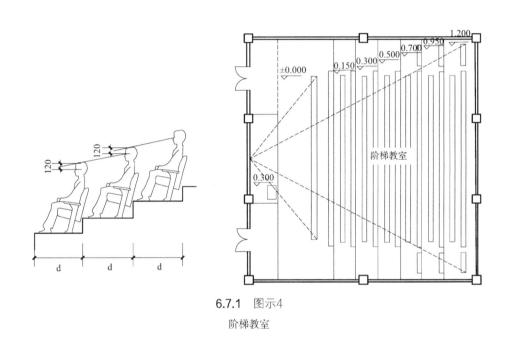

6.7.1 图示4

阶梯教室

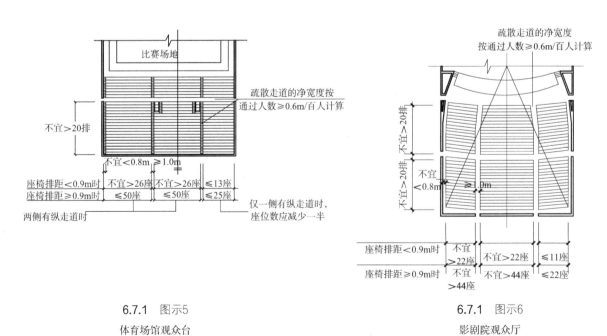

6.7.1 图示5

体育场馆观众台

6.7.1 图示6

影剧院观众厅

6.7.2  坡道设置应符合下列规定:

1  室内坡道坡度不宜大于 1∶8,【图示 1】室外坡道坡度不宜大于 1∶10;【图示 2】

2  当室内坡道水平投影长度超过 15.0m 时,宜设休息平台,平台宽度应根据使用功能或设备尺寸所需缓冲空间而定;【图示 1】

3  坡道应采取防滑措施;【图示 1】【图示 2】

4  当坡道总高度超过 0.7m 时,应在临空面采取防护设施;【图示 3】

【条文说明】

6.7.2  供轮椅使用的坡道在现行国家标准《无障碍设计规范》GB 50763 中有明确规定,机动车和非机动车坡道在现行行业标准《车库建筑设计规范》JGJ 100 中有明确规定。

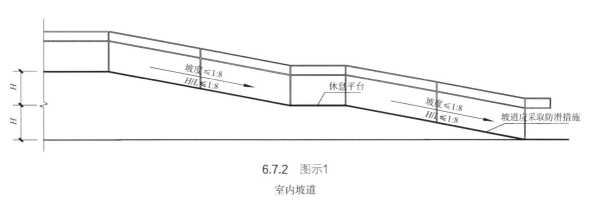

6.7.2  图示1

室内坡道

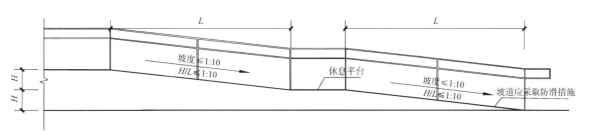

6.7.2  图示2

室外坡道

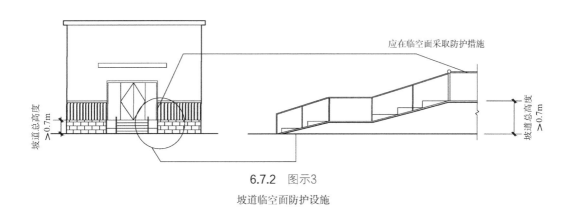

6.7.2  图示3

坡道临空面防护设施

> 5 供轮椅使用的坡道应符合现行国家标准《无障碍设计规范》GB 50763 的有关规定，见表6.7.2；【图示4】【图示5】
>
> 6 机动车和非机动车使用的坡道应符合现行行业标准《车库建筑设计规范》JGJ 100 有关规定。

【提示】

《无障碍设计规范》GB 50763 3.4 轮椅坡道轮椅坡道宜设计成直线形、直角形或折返形。【图示4】轮椅坡道的最大高度和水平长度应符合表6.7.2 的规定。

轮椅坡道的坡度、最大高度和水平长度 　　　　　　　　　　　　　　　　　　　表6.7.2

| 坡度 | 1:20 | 1:16 | 1:12 | 1:10 | 1:8 |
|---|---|---|---|---|---|
| 最大高度（m） | 1.20 | 0.90 | 0.75 | 0.60 | 0.35 |
| 水平长度（m） | 24.00 | 14.40 | 9.00 | 6.00 | 2.40 |

轮椅坡道的坡面应平整、防滑、无反光。【图示5】
轮椅坡道起点、终点和中间休息平台的水平长度不应小于1.50m。【图示4】
轮椅坡道临空侧应设置安全阻挡措施。（为高度不小于50mm 的安全挡台）【图示5】

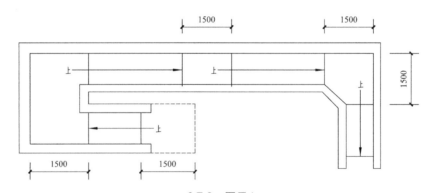

6.7.2　图示4

轮椅用坡道平面图（单位：mm）

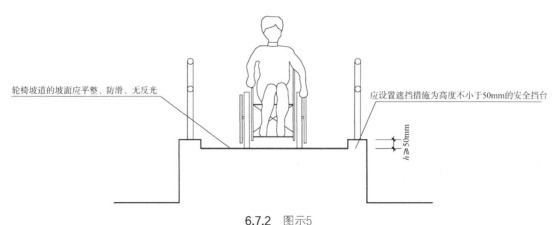

6.7.2　图示5

残疾人入口坡道剖面（单位：mm）

6.7.3 阳台、外廊【图示1】、室内回廊【图示2】、内天井【图示3】、上人屋面【图示4】及室外楼梯【图示5】等临空处应设置防护栏杆，并应符合下列规定：

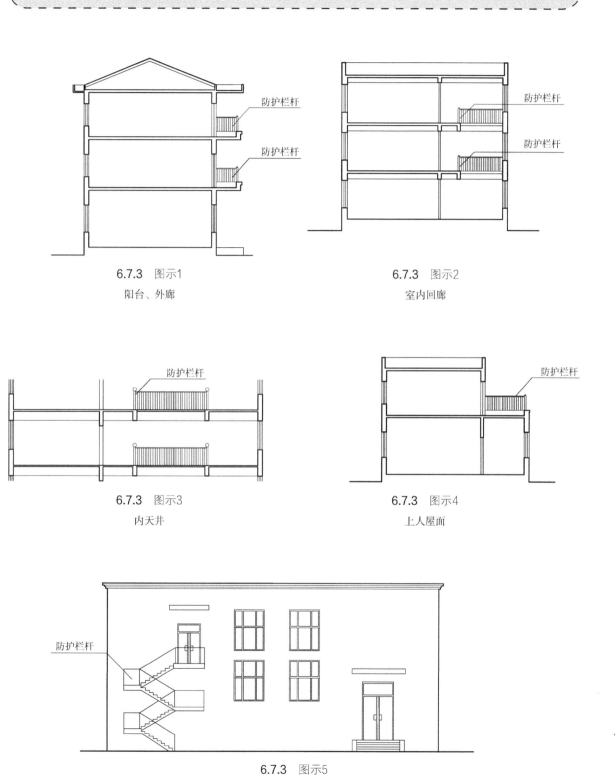

6.7.3 图示1
阳台、外廊

6.7.3 图示2
室内回廊

6.7.3 图示3
内天井

6.7.3 图示4
上人屋面

6.7.3 图示5
室外楼梯

1 栏杆应以坚固、耐久的材料制作，并应能承受现行国家标准《建筑结构荷载规范》GB 50009 及其他国家现行相关标准规定的水平荷载。（见表6.7.3）【图示6】

【条文说明】

6.7.3 1 有些专项标准中对栏杆水平荷载有专门规定,如国家标准《中小学校设计规范》GB 50099-2011 第 8.1.6 条 1.5kN/m, 高于现行国家标准《建筑结构荷载规范》GB 50009 的规定。因此,栏杆水平荷载取值除满足现行国家标准《建筑结构荷载规范》GB 50009 的要求外, 还需满足其他相关标准规定的水平荷载。

[提示]

《建筑结构荷载规范》GB 50009—2012 5.5.2 楼梯、看台、阳台和上人屋面等的栏杆活荷载标准值,不应小于下列规定:

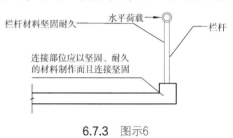

| 栏杆顶部水平荷载 | 表6.7.3 |
|---|---|
| 建筑类别 | 水平荷载 |
| 住宅、宿舍、办公室、旅馆、医院、托儿所、幼儿园 | 应取 0.5kN/m |
| 学校、食堂、剧场、电影院、车站、礼堂、展览馆或体育场 | 应取 0.1kN/m |

6.7.3 图示6

2 当临空高度在 24.0m 以下时, 栏杆高度不应低于 1.05m; 当临空高度在 24.0m 及以上时, 栏杆高度不应低于 1.1m【图示7】。上人屋面【图示8】和交通、商业、旅馆、医院、学校等建筑临开敞中庭的栏杆高度不应小于 1.2m。【图示9】

【条文说明】

6.7.3 2 阳台、外廊等临空处栏杆的防护高度应超过人体重心高度,才能避免人靠近栏杆时因重心外移而发生坠落事故。根据对全国 31 个省市自治区的 3 岁～69 岁中国公民的国民体质监测数据,我国成年男性平均身高为 1.697m, 换算成人体直立状态下的重心高度是 1.0182m,考虑穿鞋后会增加约 0.02m,取 1.038m,加上必要的安全储备,故规定 24m 及以下临空高度的栏杆防护高度不低于 1.05m,24m 以上临空高度防护高度提高到 1.10m, 学校、商业、医院、旅馆、交通等建筑的公共场所临中庭之处危险性更大,栏杆高度进一步提高到 1.20m。

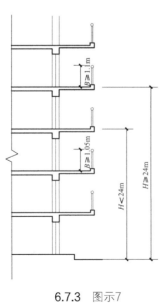

6.7.3 图示7

H—建筑临空高度；B—防护栏杆高度

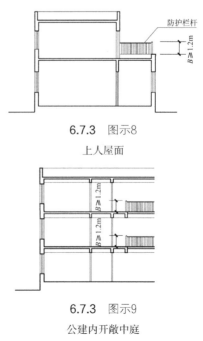

6.7.3 图示8

上人屋面

6.7.3 图示9

公建内开敞中庭

3 栏杆高度应从所在楼地面或屋面至栏杆扶手顶面垂直高度计算，当底面有宽度大于或等于 0.22m，且高度低于或等于 0.45m 的可踏部位时，应从可踏部位顶面起算。【图示 10】

**【条文说明】**

6.7.3 3 宽度和高度均达到规定数值时，方可确定为可踏面

**【提示】**

当临空高度在 24m 以下时，栏杆高度不应低于 1.05m; 临空高度在 24m 及 24m 以上时，栏杆高度不应低于 1.10m。

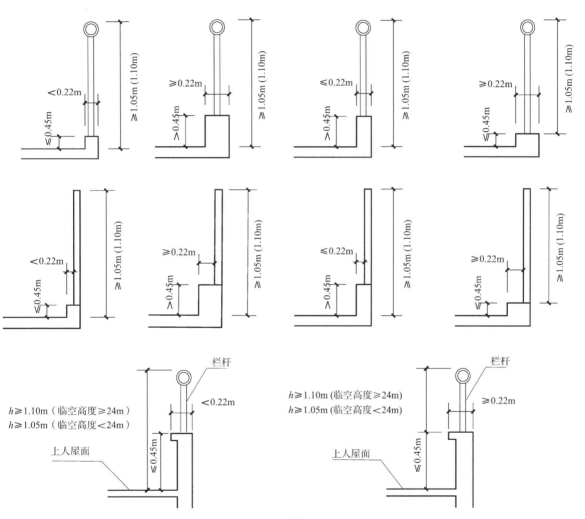

6.7.3 图示10

4 公共场所栏杆离地面 0.1m 高度范围内不宜留空。【图示 11】

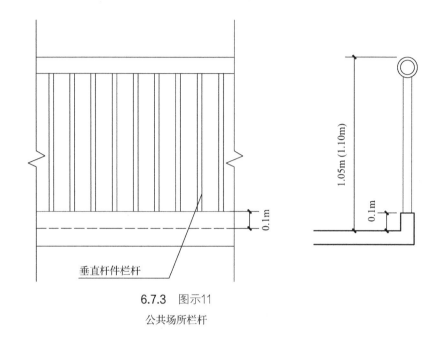

6.7.3 图示11

公共场所栏杆

6.7.4 住宅、托儿所、幼儿园、中小学及其他少年儿童专用活动场所的栏杆必须采取防止攀爬的构造。当采用垂直杆件做栏杆时，其杆件净间距不应大于 0.11m。【图示】

【条文说明】

6.7.4 住宅、托儿所、幼儿园、中小学及其他少年儿童专用活动场所为防止坠落和攀爬，对防护栏杆设计做了专门要求。其他公共建筑，一般情况下儿童应在监护人陪同下使用，防护栏杆可参照此要求设计。

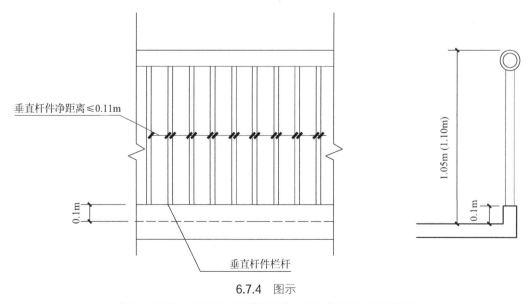

6.7.4 图示

住宅、托儿所、幼儿园、中小学及其他少年儿童专用活动场所栏杆

## 6.8 楼梯

6.8.1 楼梯的数量、位置、梯段净宽和楼梯间形式应满足使用方便和安全疏散的要求。【图示】

6.8.2 当一侧有扶手时，梯段净宽应为墙体装饰面至扶手中心线的水平距离【图示1】，当双侧有扶手时，梯段净宽应为两侧扶手中心线之间的水平距离【图示2】。当有凸出物时，梯段净宽应从凸出物表面算起。【图示3】

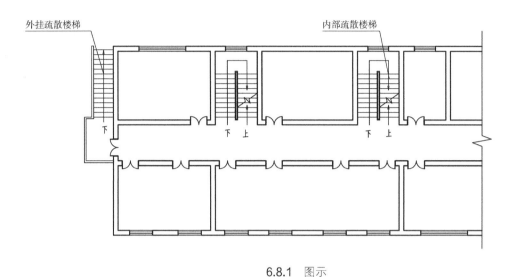

6.8.1 图示

楼梯的数量、位置、梯段净宽和楼梯间形式

**【条文说明】**

6.8.2 本条明确了当楼梯一侧有扶手时，梯段净宽应考虑扣除墙面装饰的构造厚度。另外，当有框架柱或其他构件、设施等凸出在楼梯间内（凸出楼梯间四角的除外）影响通行宽度时，梯段净宽应从凸出部分算起。当楼梯附设无障碍升降平台时，梯段净宽应自升降平台折起后的最外缘算起。

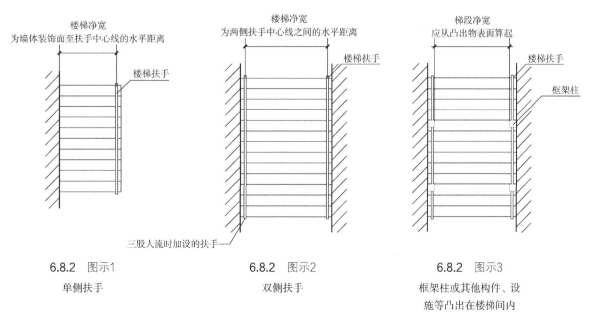

6.8.2 图示1
单侧扶手

6.8.2 图示2
双侧扶手

6.8.2 图示3
框架柱或其他构件、设施等凸出在楼梯间内

6.8.3 梯段净宽除应符合现行国家标准《建筑设计防火规范》GB 50016 及国家现行相关专用建筑设计标准的规定外，供日常主要交通用的楼梯的梯段净宽应根据建筑物使用特征，按每股人流宽度为 0.55m ＋（0～0.15）m 的人流股数确定，并不应少于两股人流。（0～0.15）m 为人流在行进中人体的摆幅，公共建筑人流众多的场所应取上限值。【图示1】【图示2】

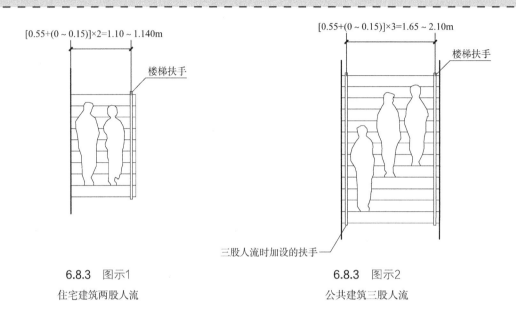

6.8.3 图示1

住宅建筑两股人流

6.8.3 图示2

公共建筑三股人流

【条文说明】

6.8.3 楼梯梯段最小净宽应根据使用要求、模数标准、防火标准等的规定等综合因素加以确定。

楼梯梯段净宽在防火标准中是以每股人流为 0.55m 计，并规定按两股人流最小宽度不应小于 1.10m，这对疏散楼梯是适用的，而对住宅套内楼梯、维修专用楼梯外的其他平时用作日常主要交通的楼梯不完全适用，尤其是人员密集的公共建筑（如商场、剧场、体育馆等）主要楼梯应考虑多股人流通行，使垂直交通不造成拥挤和阻塞现象。此外，人流宽度按 0.55m 计算是最小值，实际上人体在行进中有一定摆幅和相互间空隙，因此本条规定每股人流宽度为 0.55m ＋（0～0.15）m，（0～0.15）m 即为人流众多时的附加值，单人行走楼梯梯段宽度还需要适当加大。【图示3】

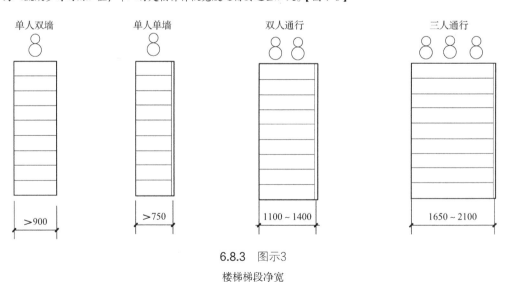

6.8.3 图示3

楼梯梯段净宽

国家标准《建筑设计防火规范》GB 50016—2014（2018 年版）中允许建筑高度不大于18m 的住宅中一边设置栏杆的疏散楼梯最小净宽度不小于1.00m，是考虑其栏杆上侧有一部分空间可利用，根据实际情况有所放宽。

6.8.4 当梯段改变方向时，扶手转向端处的平台最小宽度不应小于梯段净宽，并不得小于1.2m【图示1】【图示2】。当有搬运大型物件需要时，应适量加宽【图示3】。直跑楼梯的中间平台宽度不应小于0.9m。【图示4】

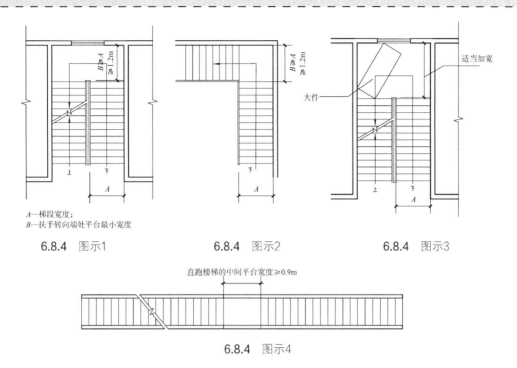

A—梯段宽度；
B—扶手转向端处平台最小宽度

6.8.4 图示1  6.8.4 图示2  6.8.4 图示3

6.8.4 图示4

【条文说明】

6.8.4 楼梯平台宽度系指墙面装饰面至扶手中心之间的水平距离。当楼梯平台有凸出物或其他障碍物影响通行宽度时，楼梯平台宽度应从凸出部分或其他障碍物外缘算起。当框架梁底距楼梯平台地面高度小于2.00m时，如设置与框架梁内侧面齐平的平台栏杆（板）等，楼梯平台的净宽应从栏杆（板）内侧算起。

本条规定了当梯段改变方向时，扶手转向端处的平台最小宽度不应小于梯段净宽，并不得小于1.20m，同时应考虑不同类型建筑对楼梯宽度的要求，满足平台最小宽度以保持疏散宽度的一致，当有搬运大型物件需要时应适量加宽，并能使家具等大型物件通过。【图示5】

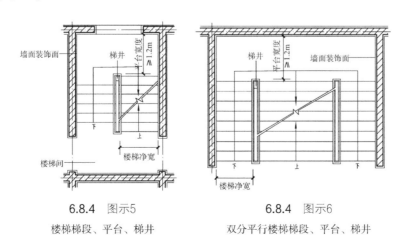

6.8.4 图示5  6.8.4 图示6
楼梯梯段、平台、梯井  双分平行楼梯梯段、平台、梯井

双分平行楼梯扶手转向端处的平台最小宽度也不应小于梯段计算最小净宽，并不得小于1.20m。【图示6】

直跑楼梯的中间平台主要供人员行进途中休息用，不影响疏散宽度，故未要求与梯段净宽一致，但0.90m为最低宽度，实际设计时还应根据建筑类型合理确定中间平台宽度，并满足专用建筑设计标准的相关规定。

6.8.5 每个梯段的踏步级数不应少于 3 级，且不应超过 18 级。【图示】

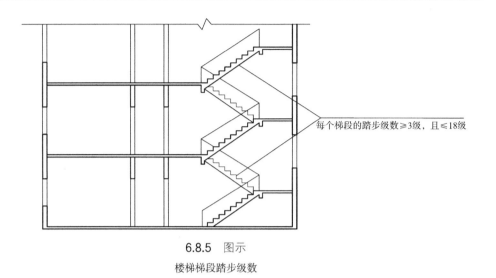

每个梯段的踏步级数≥3级，且≤18级

6.8.5 图示
楼梯梯段踏步级数

6.8.6 楼梯平台上部及下部过道处的净高不应小于 2.0m，梯段净高不应小于 2.2m。【图示】

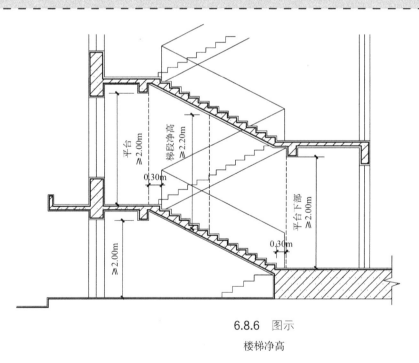

6.8.6 图示
楼梯净高

　　注：梯段净高为自踏步前缘（包括每个梯段最低和最高一级踏步前缘线以外 0.3m 范围内）量至上方突出物下缘间的垂直高度。

【条文说明】

6.8.6 本条所指净高应自楼梯平台、踏步等部位的装饰面算起，至上方突出物装饰面下缘。

由于建筑竖向处理和楼梯做法变化，楼梯平台上部及下部净高不一定与各层净高一致，此时其净高不应小于 2.00m。使人行进时不碰头。梯段净高一般应满足人在楼梯上伸直手臂向上旋升时手指刚触及上方突出物下缘一点为限，为保证人在行进时不碰头和产生压抑感，故按常用楼梯坡度，梯段净高不应小于 2.20m。住宅等户内空间的非公共楼梯及检修专用楼梯，当条件不允许时可适当放宽要求。

**6.8.7** 楼梯应至少于一侧设扶手【图示1】，梯段净宽达三股人流时应两侧设扶手【图示2】，达四股人流时宜加设中间扶手。【图示3】

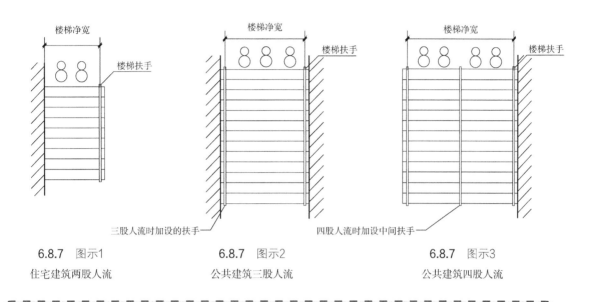

6.8.7 图示1

住宅建筑两股人流

6.8.7 图示2

公共建筑三股人流

6.8.7 图示3

公共建筑四股人流

**6.8.8** 室内楼梯扶手高度自踏步前缘线量起不宜小于0.9m【图示1】。楼梯水平栏杆或栏板长度大于0.5m时，其高度不应小于1.05m。【图示2】【图示3】

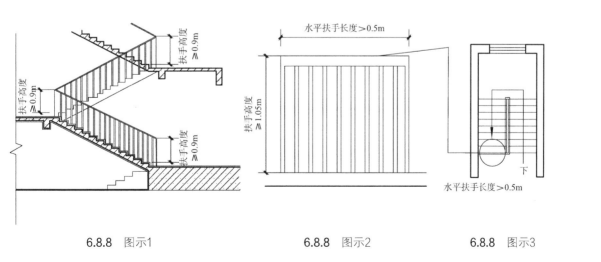

6.8.8 图示1

6.8.8 图示2

6.8.8 图示3

**6.8.9** 托儿所、幼儿园、中小学校及其他少年儿童专用活动场所，当楼梯井净宽大于0.2m时，必须采取防止少年儿童坠落的措施。【图示1】

【条文说明】

6.8.9 楼梯段及平台围合成的空间为楼梯井。为了保护少年儿童生命安全，中小学校、幼儿同等少年儿童专用活动场所的楼梯，其梯井净宽大于0.20m（少儿胸背厚度），必须采取防止少年儿童坠落措施，防止其在楼梯扶手上做滑梯游戏，产生坠落事故跌落楼梯井底。楼梯栏杆应采用不易攀登的构造和花饰；杆件或花饰的镂空处净距不得大于0.11m，【图示2】，楼梯扶手上应加装防止少年儿童溜滑的设施。少年儿童活动频繁的其他公共场所也应参照执行。

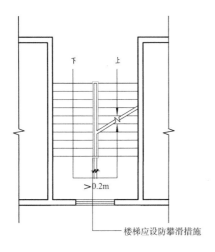

6.8.9 图示1

少年儿童专用活动场所楼梯

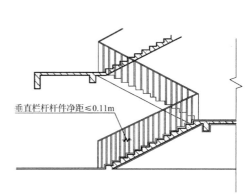

6.8.9 图示2

少年儿童专用活动场所楼梯栏杆

**6.8.10** 楼梯踏步的宽度和高度应符合表6.8.10（1）的规定。

【条文说明】

6.8.10 楼梯踏步高宽比是根据楼梯坡度要求和不同类型人体自然跨步（步距）要求确定的，符合安全和方便舒适的要求。坡度一般控制在30°左右。对仅供少数人使用的住宅套内楼梯则放宽要求，但不宜超过45°。步距是按水平跨步距离公式（$2r+g$）计算的，式中$r$为踏步高度，$g$为踏步宽度，成人和儿童、男性和女性、青壮年和老年人均有所不同。一般在560～630mm范围内，少年儿童在560mm左右，成人平均在600mm左右。按本条规定的踏步高宽比能反映楼梯坡度和步距。见表6.8.10（2）

楼梯踏步最小宽度和最大高度（m）　　　　　　　　　　　表6.8.10（1）

| 楼梯类别 | | 最小宽度 | 最大高度 |
|---|---|---|---|
| 住宅楼梯 | 住宅公共楼梯 | 0.260 | 0.175 |
| | 住宅套内楼梯 | 0.220 | 0.200 |
| 宿舍楼梯 | 小学宿舍楼梯 | 0.260 | 0.150 |
| | 其他宿舍楼梯 | 0.270 | 0.165 |
| 老年人建筑楼梯 | 住宅建筑楼梯 | 0.300 | 0.150 |
| | 公共建筑楼梯 | 0.320 | 0.130 |

续表

| 楼梯类别 | 最小宽度 | 最大高度 |
|---|---|---|
| 托儿所、幼儿园楼梯 | 0.260 | 0.130 |
| 小学校楼梯 | 0.260 | 0.150 |
| 人员密集且竖向交通繁忙的建筑和大、中学校楼梯 | 0.280 | 0.165 |
| 其他建筑楼梯 | 0.260 | 0.175 |
| 超高层建筑核心筒内楼梯 | 0.250 | 0.180 |
| 检修及内部服务楼梯 | 0.220 | 0.200 |

楼梯坡度及步距（m）                                            表6.8.10（2）

| 楼梯类别 | | 最小宽度 | 最大高度 | 坡度 | 步距 |
|---|---|---|---|---|---|
| 住宅楼梯 | 住宅公共楼梯 | 0.260 | 0.175 | 33.94° | 0.61 |
| | 住宅套内楼梯 | 0.220 | 0.200 | 42.27° | 0.62 |
| 宿舍楼梯 | 小学宿舍楼梯 | 0.260 | 0.150 | 29.98° | 0.56 |
| | 其他宿舍楼梯 | 0.270 | 0.165 | 31.43° | 0.60 |
| 老年人建筑楼梯 | 住宅建筑楼梯 | 0.300 | 0.150 | 26.57° | 0.60 |
| | 公共建筑楼梯 | 0.320 | 0.130 | 22.11° | 0.58 |
| 托儿所、幼儿园楼梯 | | 0.260 | 0.130 | 26.57° | 0.52 |
| 小学校楼梯 | | 0.260 | 0.150 | 29.98° | 0.56 |
| 人员密集且竖向交通繁忙的建筑和大、中学校楼梯 | | 0.280 | 0.165 | 30.51° | 0.61 |
| 其他建筑楼梯 | | 0.260 | 0.175 | 33.94° | 0.61 |
| 超高层建筑核心筒内楼梯 | | 0.250 | 0.180 | 35.75° | 0.61 |
| 检修及内部服务楼梯 | | 0.220 | 0.200 | 42.27° | 0.62 |

表中人员密集且竖向交通繁忙的建筑主要指电影院、剧场、音乐厅、体育馆、商场、医院、旅馆、交通客运站、博物馆、展览建筑、公共图书馆、游乐园（场）这类建筑场所。

超高层建筑中常由不同功能类型组合而成，由于其日常竖向交通主要依赖于乘客用电梯，超高层建筑中核心筒内为满足消防疏散而设置的疏散楼梯平时很少使用，主要在安全疏散时使用，故对其踏步尺寸要求有所放宽，踏步最小宽度可按0.25m、最大高度可按0.18m，以节约使用空间和合理组织楼梯。

检修及内部服务楼梯是指维修工作人员对设备维护工作时使用的楼梯，和公共建筑中辅助用房如耳光室、库房等仅供内部人员使用房间的楼梯。

注：螺旋楼梯和扇形踏步离内侧扶手中心 0.250m 处的踏步宽度不应小于 0.220m【图示 1】【图示 2】

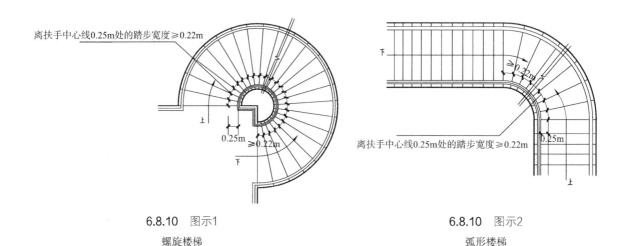

6.8.10　图示1

螺旋楼梯

6.8.10　图示2

弧形楼梯

**6.8.11　梯段内每个踏步高度、宽度应一致，相邻梯段的踏步高度、宽度宜一致。【图示 1】【图示 2】**

【条文说明】

6.8.11　楼梯的每一梯段的踏步高度、宽度应一致，相邻梯段也宜保持一致，以保证楼梯的舒适性和防止摔跤。当同一梯段首末两级踏步的楼面面层厚度不同时，应注意调整结构的级高尺寸，避免出现高低不等。

当楼梯在首层及避难层按防火标准要求进行分隔，上下层梯段断开，可不视为相邻梯段,踏步可按不同的高度和宽度设计。

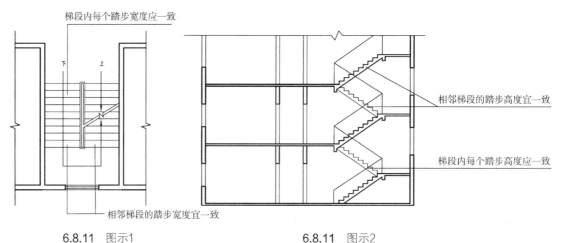

6.8.11　图示1

楼梯梯段及相邻梯段的踏步宽度

6.8.11　图示2

楼梯梯段及相邻梯段的踏步高度

**6.8.12** 当同一建筑地上、地下为不同使用功能时，楼梯踏步高度和宽度可分别按本标准表6.8.10的规定执行。【图示】

【条文说明】

6.8.12 考虑到同一建筑地上、地下不同的使用功能,楼梯可按不同建筑物使用功能要求设计踏步高度和宽度。对于地上、地下具有相同的使用功能建筑的同一段楼梯踏步高度还应一致。

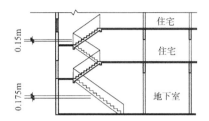

6.8.12 图示
同一建筑地上、地下为不同使用功能时，楼梯踏步设置

**6.8.13** 踏步应采取防滑措施。【图示1】

**6.8.14** 当专用建筑设计标准对楼梯有明确规定时，应按国家现行专用建筑设计标准的规定执行。

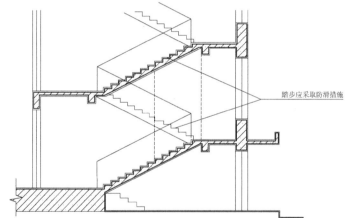

6.8.13 图示1
楼梯踏步防滑措施

【条文说明】

6.8.13 楼梯踏步应采取防滑措施,可采用饰面防滑、设置防滑条等。防滑措施的构造应注意舒适与美观,构造高度可与踏步平齐、凹入或略高。【图示2】

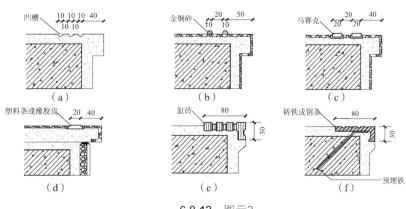

6.8.13 图示2

（a）防滑凹槽;（b）金钢砂防滑条;（c）贴马赛克防滑条;（d）嵌橡皮防滑条;（e）缸砖包口;（f）铸铁包口

## 6.9 电梯、自动扶梯和自动人行道

6.9.1 电梯设置应符合下列规定：

1 电梯不应作为安全出口；【图示1】

2 电梯台数和规格应经计算后确定并满足建筑的使用特点和要求；

3 高层公共建筑和高层宿舍建筑的电梯台数不宜少于2台，12层及12层以上的住宅建筑的电梯台数不应少于2台，并应符合现行国家标准《住宅设计规范》GB 50096的规定；【图示2】【图示3】

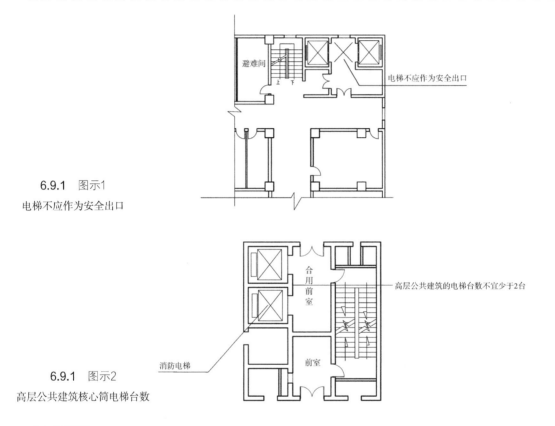

6.9.1 图示1

电梯不应作为安全出口

6.9.1 图示2

高层公共建筑核心筒电梯台数

【条文说明】

6.9.1 3 本款规定是考虑平时使用一台电梯，另一台备用便于检修保养，人流高峰时两台同时使用，以节省能源。【图示3】

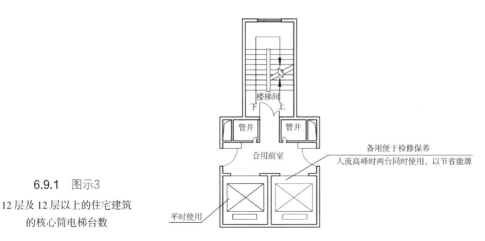

6.9.1 图示3

12层及12层以上的住宅建筑
的核心筒电梯台数

4 电梯的设置，单侧排列时不宜超过4台【图示4】双侧排列时不宜超过2排×4台；【图示5】

5 高层建筑电梯分区服务时，每服务区的电梯单侧排列时不宜超过4台【图示6】，双侧排列时不宜超过2排×4台；【图示7】

6 当建筑设有电梯目的地选层控制系统时，电梯单侧排列或双侧排列的数量可超出本条第4款、第5款的规定合理设置；

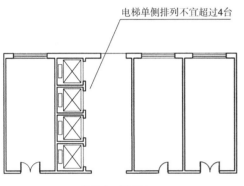

6.9.1 图示4

电梯单侧排列台数

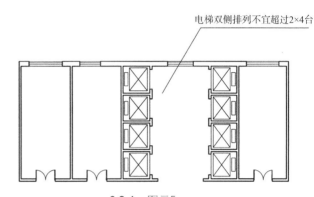

6.9.1 图示5

电梯双侧排列台数

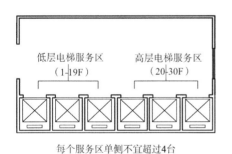

每个服务区单侧不宜超过4台

6.9.1 图示6

高层建筑每个服务区单侧电梯台数

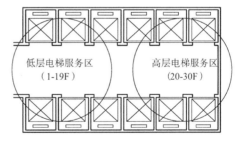

每个服务区双侧不宜超过2×4台

6.9.1 图示7

高层建筑每个服务区双侧电梯台数

【条文说明】

6.9.1 6 目的地选层控制是乘客在候梯厅中预约自己的目的楼层，电梯群的总控电脑精确计算出哪一部电梯能最合理将乘客送达目的楼层，去同一目的楼层乘客被分配到同一台电梯，并以图解的形式告知乘客，避免乘客在候梯厅中无序等候和往返，减少电梯停层次数。

7 电梯候梯厅的深度应符合表6.9.1的规定;【图示8 ~ 图示16】

候梯厅深度                                            表6.9.1

| 电梯类别 | 布置方式 | 候梯厅深度 |
|---|---|---|
| 住宅电梯 | 单台 | $\geq B$,且 $\geq 1.5m$ |
| | 多台单侧排列 | $\geq B_{max}$,且 $\geq 1.8m$ |
| | 多台双侧排列 | $\geq$ 相对电梯 $B_{max}$ 之和,且 $< 3.5m$ |
| 公共建筑电梯 | 单台 | $\geq 1.5B$,且 $\geq 1.8m$ |
| | 多台单侧排列 | $\geq 1.5B_{max}$,且 $\geq 2.0m$ 当电梯群为4台时应 $\geq 2.4m$ |
| | 多台双侧排列 | $\geq$ 相对电梯 $B_{max}$ 之和,且 $< 4.5m$ |
| 病床电梯 | 单台 | $\geq 1.5B$ |
| | 多台单侧排列 | $\geq 1.5B_{max}$ |
| | 多台双侧排列 | $\geq$ 相对电梯 $B_{max}$ 之和 |

注:$B$ 为轿厢深度,$B_{max}$ 为电梯群中最大轿厢深度。

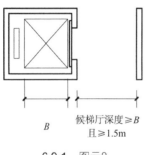

候梯厅深度 $\geq B$
且 $\geq 1.5m$

6.9.1 图示8
住宅电梯单台

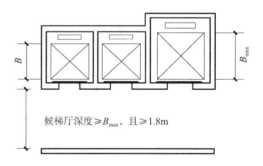

候梯厅深度 $\geq B_{max}$,且 $\geq 1.8m$

6.9.1 图示9
住宅电梯多台单侧布置

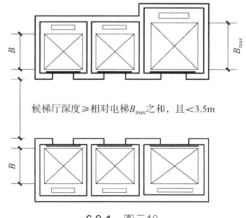

候梯厅深度 $\geq$ 相对电梯 $B_{max}$ 之和,且 $< 3.5m$

6.9.1 图示10
住宅电梯多台双侧布置

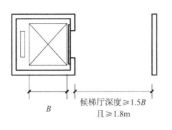

6.9.1 图示11

公建电梯单台

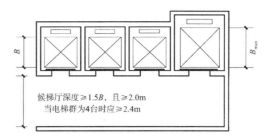

6.9.1 图示12

公建电梯多台单侧布置

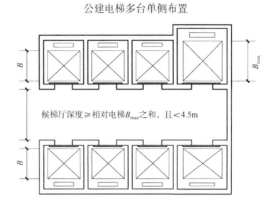

6.9.1 图示13

公建电梯多台双侧布置

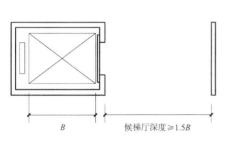

6.9.1 图示14

病床电梯单台

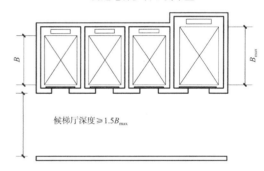

6.9.1 图示15

病床电梯多台单侧布置

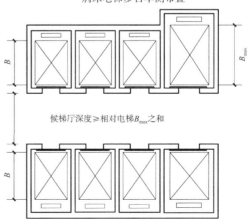

6.9.1 图示16

病床电梯多台双侧布置

8  电梯不应在转角处贴邻布置【图示 17】，且电梯井不宜被楼梯环绕设置;【图示 18】

9  电梯井道和机房不宜与有安静要求的用房贴邻布置，否则应采取隔振、隔声措施;【图示 19】

10  电梯机房应有隔热、通风、防尘等措施，宜有自然采光，不得将机房顶板作水箱底板及在机房内直接穿越水管或蒸汽管;

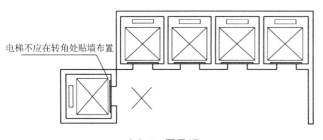

电梯不应在转角处贴墙布置

6.9.1　图示17

电梯不应在转角处贴邻布置

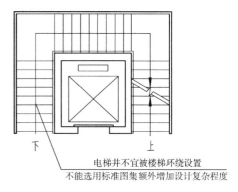

下　　　　　　上

电梯井不宜被楼梯环绕设置
不能选用标准图集额外增加设计复杂程度

6.9.1　图示18

电梯井不宜被楼梯环绕设置

电梯井道和机房不宜与有安静要求的用房贴邻布置
否则应采取隔振、隔声措施

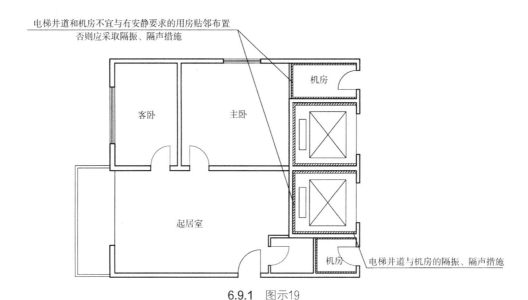

客卧　　　主卧　　　机房

起居室　　　机房

电梯井道与机房的隔振、隔声措施

6.9.1　图示19

电梯井道与机房的隔振、隔声措施

> **11** 消防电梯的布置应符合现行国家标准《建筑设计防火规范》GB 50016 的有关规定;【图示 20】【图示 21】

国家标准《建筑设计防火规范》GB 50016 中 7.3 消防电梯:

**7.3.6** 消防电梯井、机房与相邻电梯井、机房之间应设置耐火极限不低于 2.00h 的防火隔墙,隔墙上开门应采用甲级防火门。【图示 20】

**7.3.7** 消防电梯的井底应设置排水设施,排水井的容量不应小于 2m³,排水泵的排水量不应小于 10L/s。消防电梯间前室的门口宜设置挡水设施。【图示 21】

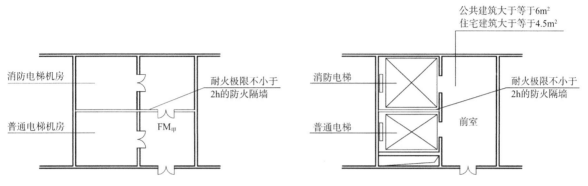

6.9.1  图示20

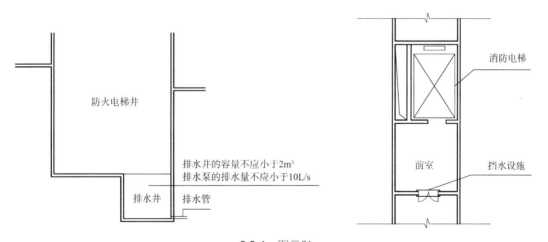

6.9.1  图示21

> **12** 专为老年人及残疾人使用的建筑,其乘客电梯应设置监控系统,梯门宜装可视窗,并应符合现行国家标准《无障碍设计规范》GB 50763 的有关规定。

**【条文说明】**

**6.9.1  12** 增加此款旨在提高对老龄化和人性化问题的关注,一般指电梯轿厢尺寸、轿厢内设扶手栏杆、电梯速度、电梯开关门速度、电梯内设电视监控探头、电梯门可视以及自动升降平台等方面。

6.9.2 自动扶梯、自动人行道应符合下列规定：

　　1 自动扶梯和自动人行道不应作为安全出口。【图示1】

　　2 出入口畅通区的宽度从扶手带端部算起不应小于2.5m，【图示2】人员密集的公共场所其畅通区宽度不宜小于3.5m。【图示3】

【条文说明】

　　6.9.2 2 乘客在设备运行过程中进出自动扶梯或自动人行道，有一个准备进入和带着运动惯性走出的过程，为保障乘客安全，出入口需设置畅通区。畅通区是指进入自动扶梯前和离开自动扶梯后的供乘客行为乘坐和步行进行转换的区域，由于行为方式的变化和各人步行速度的差异，在这个区域容易发生拥堵，因而这个区域需要适当放大，使人流能安全过渡和转换。在一些人员密集的公共场所如交通客运站、地铁站、大中型商店、医院等应加大畅通区的深度。

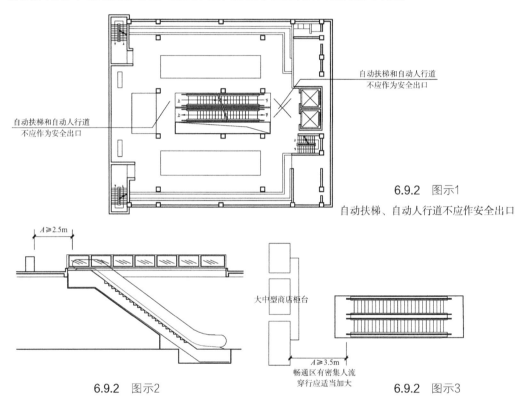

6.9.2　图示1
自动扶梯、自动人行道不应作安全出口

6.9.2　图示2

6.9.2　图示3

　　3 扶梯与楼层地板开口部位之间应设防护栏杆或栏板。【图示4】

【条文说明】

　　6.9.2 3 交通客运站、大中型商店、医院等人流较大的公共场所设置的自动扶梯，当临空高度大于等于9m时，宜在其临空一侧加装高度不小于1.2m的防护栏杆或栏板，并应满足扶梯的荷载要求。

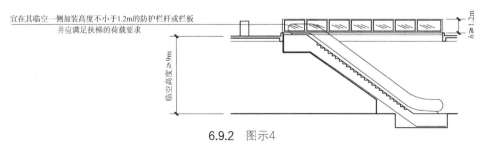

6.9.2　图示4

**4** 栏板应平整、光滑和无突出物；扶手带顶面距自动扶梯前缘、自动人行道踏板面或胶带面的垂直高度不应小于0.9m。【图示5】【图示6】

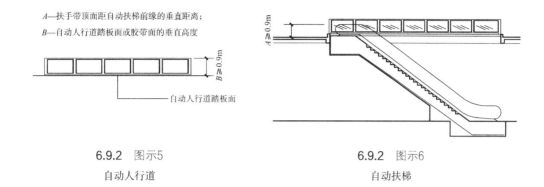

A—扶手带顶面距自动扶梯前缘的垂直距离；
B—自动人行道踏板面或胶带面的垂直高度

6.9.2　图示5

自动人行道

6.9.2　图示6

自动扶梯

**5** 扶手带中心线与平行墙面或楼板开边缘间的距离：当相邻平行交叉设置时，两梯（道）之间扶手带中心线的水平距离不应小于0.5m，否则应采取措施防止障碍物引起人员伤害。【图示7】【图示8】

【条文说明】

6.9.2　5　尤其是在扶梯与楼板交叉处以及各交叉设置的自动扶梯或自动人行道之间，应在扶手上方设置无锐利边缘的垂直防护挡板，其高度不应小于0.3m，且至少延伸至扶手带下缘25mm处。

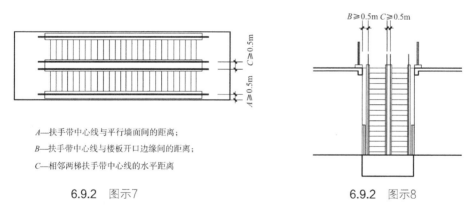

A—扶手带中心线与平行墙面间的距离；
B—扶手带中心线与楼板开口边缘间的距离；
C—相邻两梯扶手带中心线的水平距离

6.9.2　图示7

6.9.2　图示8

**6** 自动扶梯的梯级、自动人行道的踏板或胶带上空，垂直净高不应小于2.3m。【图示9】【图示10】

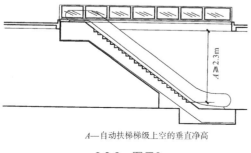

A—自动扶梯梯级上空的垂直净高

6.9.2　图示9

自动扶梯

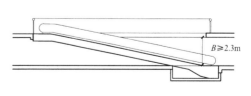

B—自动人行道的踏板或胶带上空垂直净高

6.9.2　图示10

自动人行道

7　自动扶梯的倾斜角不宜超过 30°，额定速度不宜大于 0.75m/s【图示 11】；当提升高度不超过 6.0m,倾斜角小于等于 35° 时,额定速度不宜大于 0.5m/s【图示 12】；当自动扶梯速度大于 0.65m/s 时,在其端部应有不小于 1.6m 的水平移动距离作为导向行程段。【图示 13】

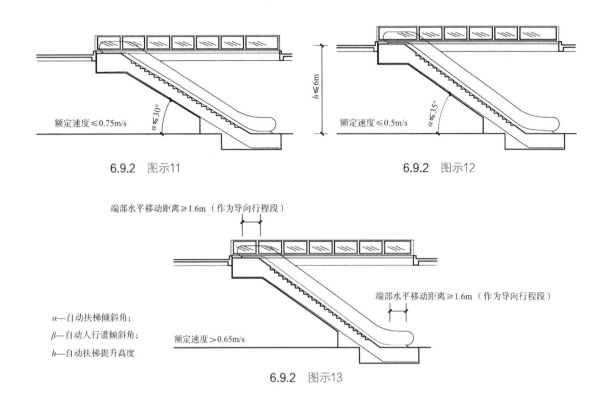

α—自动扶梯倾斜角；

β—自动人行道倾斜角；

h—自动扶梯提升高度

6.9.2　图示11

6.9.2　图示12

6.9.2　图示13

8　倾斜式自动人行道的倾斜角不应超过 12°，额定速度不应大于 0.75m/s【图示 14】。当踏板的宽度不大于 1.1m，并且在两端出入口踏板或胶带进入梳齿板之前的水平距离不小于 1.6m 时，自动人行道的最大额定速度可达到 0.9m/s。【图示 15】

【条文说明】

6.9.2　7、8　参照现行国家标准《自动扶梯和自动人行道的制造与安装安全规范》GB 16899 的规定而制定。因倾斜角度和速度过大的自动扶梯，会造成人的心理紧张，对安全不利，倾斜角度过大的自动人行道，人站立其中会失去平衡，容易发生安全事故，故对倾斜角的最大值作出规定，对自动扶梯和自动人行道的速度提出参考值。

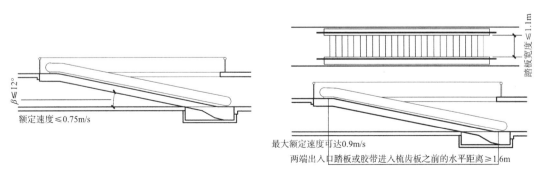

6.9.2　图示14

6.9.2　图示15

9　当自动扶梯和层间相通的自动人行道单向设置时，应就近布置相匹配的楼梯。【图示 16】

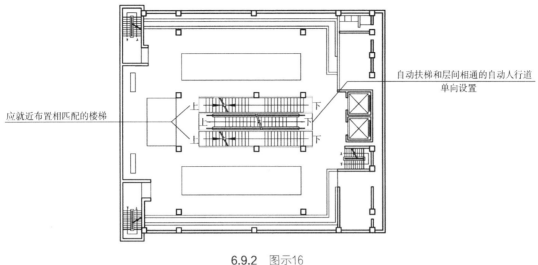

应就近布置相匹配的楼梯

自动扶梯和层间相通的自动人行道
单向设置

6.9.2　图示16

10　设置自动扶梯或自动人行道所形成的上下层贯通空间，应符合现行国家标准《建筑设计防火规范》GB 50016 的有规定。【图示 17】

现行国家标准《建筑设计防火规范》GB 50016 的第 5.3.2 条规定建筑内设置自动扶梯、敞开楼梯等上、下层相连通的开口时，其防火分区的建筑面积应按上、下层相连通的建筑面积叠加计算。当叠加计算后的建筑面积大于现行国家标准《建筑设计防火规范》GB 50016 第 5.3.1 条的规定时，应划分防火分区。

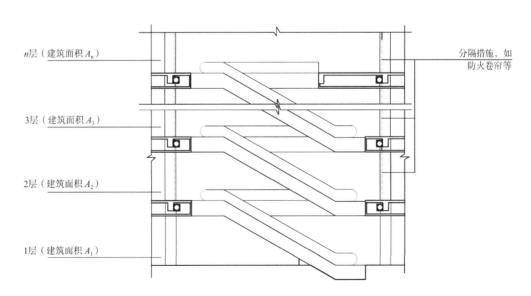

$n$层（建筑面积 $A_n$）

3层（建筑面积 $A_3$）

2层（建筑面积 $A_2$）

1层（建筑面积 $A_1$）

分隔措施，如
防火卷帘等

注：以自动扶梯为例，其防火分区面积（$A$）应按上下层联通面积叠加计算，即 $A = A_1 + A_2 + \cdots\cdots + A_n$，当 $A$ ＞第5.3.1条规定时，其超出防火分区允许面积的楼层及该层以上各层均应在扶梯四周设防火卷帘或采取其他措施，以划分防火分区。

6.9.2　图示17

11　当自动扶梯或倾斜式自动人行道呈剪刀状相对布置时，以及与楼板、梁开口部位侧边交错部位，应在产生的锐角口前部1.0m范围内设置防夹、防剪的预警阻挡设施。【图示18】

12　自动扶梯和自动人行道宜根据负载状态（无人、少人、多数人、载满人）自动调节为低速或全速的运行方式。

【条文说明】

6.9.2　12　当无人或少数人的情况下，自动扶梯依然保持全速运行状态，电能利用率十分低下；现在的自动扶梯已具有自动感应和调节速度的技术，从节能的角度考虑，建议采用可变速的自动扶梯。

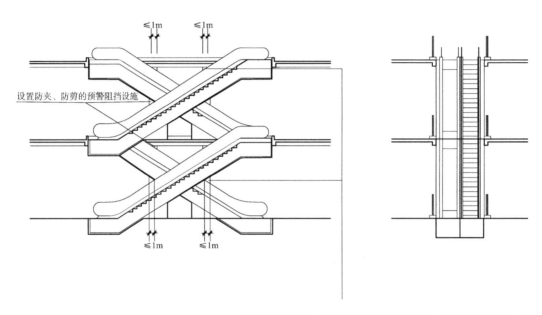

自动扶梯或倾斜式自动人行道呈剪刀状相对布置时，以及与楼板、梁开口部位侧边交错部位
应在产生的锐角口前部1.0m范围内设置防夹、防剪的预警阻挡设施。

6.9.2　图示18

## 6.10　墙身和变形缝

6.10.1　墙身应根据其在建筑物中的位置、作用和受力状态确定墙体厚度、材料及构造做法，材料的选择应因地制宜。【图示】

【条文说明】

6.10.1　本条较之原规范条文修改内容较大，主要考虑到墙身在不同的位置、不同的受力状态对其材料、厚度及构造做法会有重大的影响，材料的选择上尽可能地采用本土材料及可再利用、可再循环利用材料，而不再强调其是否为新型建材。

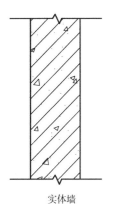 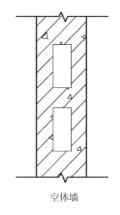 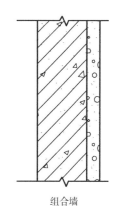

实体墙　　　　　　　　空体墙　　　　　　　　组合墙

6.10.1　图示

墙体示意图

**6.10.2**　外墙应根据当地气候条件和建筑使用要求，采取保温、隔热、隔声、防火、防水、防潮和防结露等措施，并应符合国家现行相关标准的规定。【图示 1】【图示 2】

【条文说明】

6.10.2　浅色饰面和绿化可以减少建筑对太阳辐射的吸收，降低围护结构外表面温度，有利于隔热。

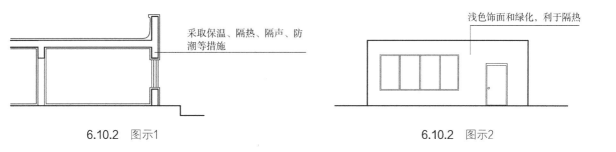

采取保温、隔热、隔声、防潮等措施

浅色饰面和绿化，利于隔热

6.10.2　图示1　　　　　　　　　　　　　　　6.10.2　图示2

**6.10.3**　墙身防潮、防渗及防水等应符合下列规定：

1　砌筑墙体应在室外地面以上、位于室内地面垫层处设置连续的水平防潮层【图示 1】；室内相邻地面有高差时，应在高差处墙身贴邻土壤一侧加设防潮层；【图示 2】

2　室内墙面有防潮要求时，其迎水面一侧应设防潮层；室内墙面有防水要求时，其迎水面一侧应设防水层；【图示 3】

3　防潮层采用的材料不应影响墙体的整体抗震性能；【图示 3】

4　室内墙面有防污、防碰等要求时，应按使用要求设置墙裙；【图示 4】

5　外窗台应采取防水排水构造措施；

6　外墙上空调室外机搁板应组织好冷凝水的排放，并采取防雨水倒灌及外墙防潮的构造措施；

7　外墙上空调室外机的位置应便于安装和检修。

【条文说明】

6.10.3　本条第 5 款、第 6 款为新增内容，主要考虑到由于外窗台或空调室外机搁板构造处理不当而造成的墙体渗漏、外墙污损现象时有发生，故而增加此两款。

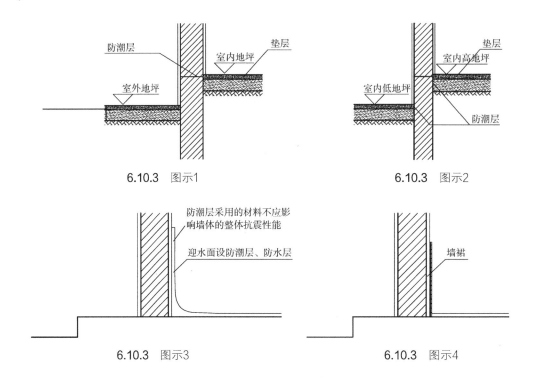

6.10.3　图示1　　　　　　　　　　　　6.10.3　图示2

6.10.3　图示3　　　　　　　　　　　　6.10.3　图示4

6.10.4　在外墙的洞口、门窗等处应采取防止产生变形裂缝的加固措施。【图示1】【图示2】

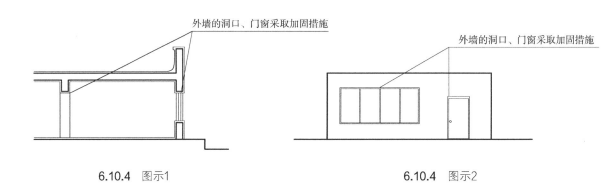

6.10.4　图示1　　　　　　　　　　　　6.10.4　图示2

6.10.5　变形缝包括伸缩缝、沉降缝和抗震缝等，其设置应符合下列规定：

　　1　变形缝应按设缝的性质和条件设计，使其在产生位移或变形时不受阻，并不破坏建筑物；【图示1】

　　2　根据建筑使用要求，变形缝应分别采取防水、防火、保温、隔声、防老化、防腐蚀、防虫害和防脱落等构造措施；【图示2】

　　3　变形缝不应穿过厕所、卫生间、盥洗室和浴室等用水的房间，也不应穿过配电间等严禁有漏水的房间。【图示3】

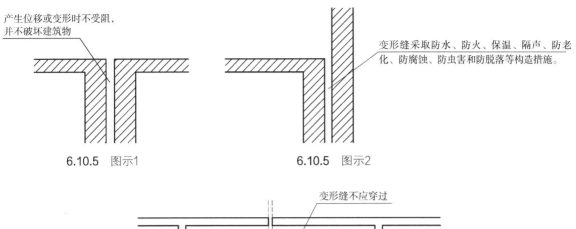

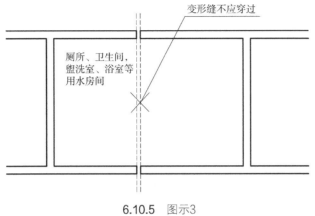

6.10.5 图示3

## 6.11 门窗

6.11.1 门窗选用应根据建筑所在地区的气候条件、节能要求等因素综合确定，并应符合国家现行建筑门窗产品标准的规定。【图示1】【图示2】

【条文说明】

6.11.1 门窗产品都有相应的标准，如现行国家标准《铝合金门窗》GB/T 8478《塑料门窗及型材功能结构尺寸》JG/T 176等。应该根据建筑的要求选择门窗，包括型材、玻璃等材料，门窗的尺寸，以及相关的外观质量，反复启闭质量等。

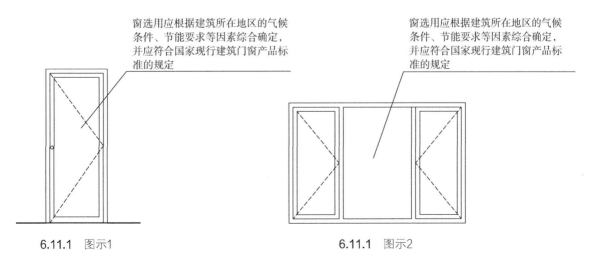

6.11.2 门窗的尺寸应符合模数，门窗的材料、功能和质量等应满足使用要求。门窗的配件应与门窗主体相匹配，并应满足相应技术要求。【图示1】【图示2】

【条文说明】

6.11.2 作为好的门窗，其配件一定与主体是匹配的。如铝合金门窗就应采用不锈钢、锌合金材质的配件，而不能采用钢铁镀锌配件。配件的尺寸、承载能力、寿命等均要与主体是匹配的，而且连接固定方式、密封等也应该是匹配的。门窗对这些配件的性能质量都有相应的要求，必须得到满足

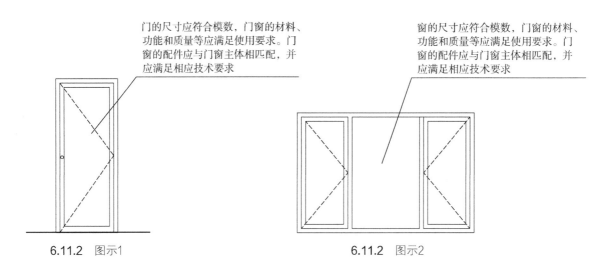

门的尺寸应符合模数，门窗的材料、功能和质量等应满足使用要求。门窗的配件应与门窗主体相匹配，并应满足相应技术要求

窗的尺寸应符合模数，门窗的材料、功能和质量等应满足使用要求。门窗的配件应与门窗主体相匹配，并应满足相应技术要求

6.11.2　图示1　　　　　　　　　　　6.11.2　图示2

6.11.3 门窗应满足抗风压、水密性、气密性等要求，且应综合考虑安全、采光、节能、通风、防火、隔声等要求。【图示1】【图示2】

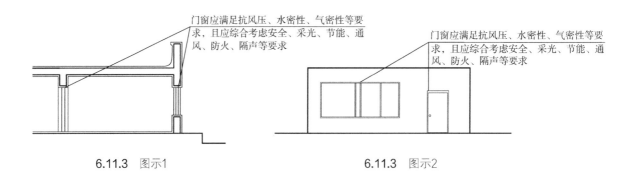

门窗应满足抗风压、水密性、气密性等要求，且应综合考虑安全、采光、节能、通风、防火、隔声等要求

门窗应满足抗风压、水密性、气密性等要求，且应综合考虑安全、采光、节能、通风、防火、隔声等要求

6.11.3　图示1　　　　　　　　　　　6.11.3　图示2

6.11.4 门窗与墙体应连接牢固，不同材料的门窗与墙体连接处应采用相应的密封材料及构造做法。【图示1】【图示2】

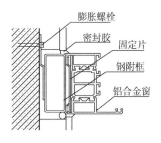

附框安装

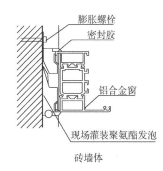

轻质墙体

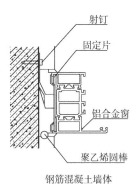

钢筋混凝土墙体

砖墙体

6.11.4 图示1

铝合金门窗安装节点图

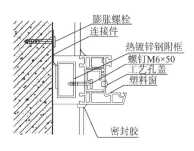

混凝土附框安装

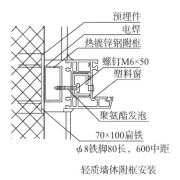

轻质墙体附框安装

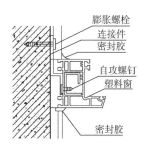

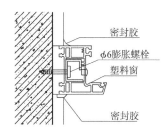

钢筋混凝土墙体

6.11.4 图示2

塑料门窗安装节点图

6.11.5 有卫生要求或经常有人员居住、活动房间的外门窗宜设置纱门、纱窗。【图示】

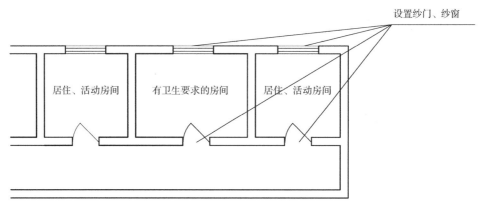

6.11.5 图示

6.11.6 窗的设置应符合下列规定：

　　1 窗扇的开启形式应方便使用、安全和易于维修、清洗；

　　2 公共走道的窗扇开启时不得影响人员通行，其底面距走道地面高度不应低于2.0m；【图示1】

　　3 公共建筑临空外窗的窗台距楼地面净高不得低于0.8m，否则应设置防护设施，防护设施的高度由地面起算不应低于0.8m；【图示2】

　　4 居住建筑临空外窗的窗台距楼地面净高不得低于0.9m，否则应设置防护设施，防护设施的高度由地面起算不应低于0.9m；【图示3】

　　5 当防火墙上必须开设窗洞口时，应按现行国家标准《建筑设计防火规范》GB 50016执行。

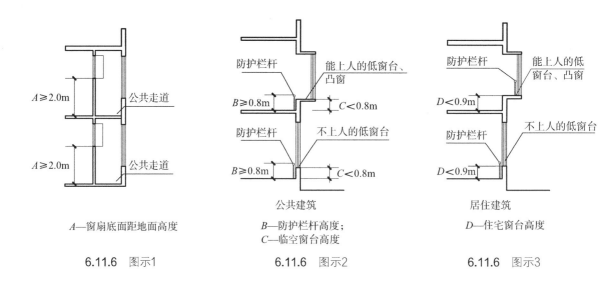

6.11.6 图示1 　　　　　6.11.6 图示2 　　　　　6.11.6 图示3

**6.11.7** 当凸窗窗台高度低于或等于 0.45m 时，其防护高度从窗台面起算不应低于 0.9m【图示 1】；当凸窗窗台高度高于 0.45m 时，其防护高度从窗台面起算不应低于 0.6m。【图示 2】

【条文说明】

6.11.7　凸窗的防护措施是为防止在玻璃被冲击后导致人员高空坠落，防护措施可以采用设置防护栏杆或采用带水平窗框加夹层玻璃的做法。夹层玻璃的选用应符合现行行业标准《建筑玻璃应用技术规程》JGJ 113 的规定。

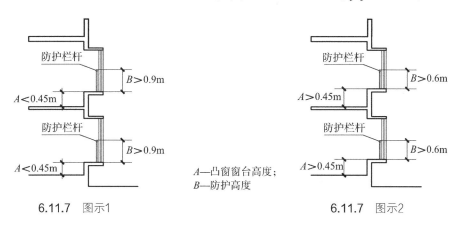

6.11.7　图示1　　　　　　　　　　　　　　　6.11.7　图示2

**6.11.8** 天窗的设置应符合下列规定：

　　1　天窗应采用防破碎伤人的透光材料；【图示】

　　2　天窗应有防冷凝水产生或引泄冷凝水的措施，多雪地区应考虑积雪对天窗的影响；【图示】

　　3　天窗应设置方便开启清洗、维修的设施。【图示】

【条文说明】

6.11.8　天窗下方一般有人员活动，所以要求采用不易破碎伤人的材料。如果采用玻璃作为天窗透光材料，一般当天窗高于 3m 时，应采用夹层玻璃，其胶片厚度不小于 0.76mm。

天窗开启应方便，大型开启扇应采用助力机械或电动装置开启。为保证开启方便和耐久，窗扇和窗框都应满足刚度要求，且活动配件或机械装置应有足够的承载能力和良好的反复启闭性能。

天窗的防水是普遍薄弱的环节，应引起足够重视。首先天窗本身要有良好的密封性能，并有很好的耐久性，保证在使用中不漏水。其次，天窗周边与屋面的连接构造要做好排水和防水，防止积水漫过天窗防水构造，并防止防水构造失效漏水。

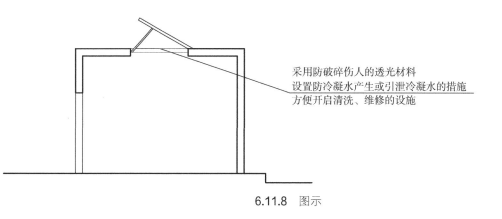

6.11.8　图示

6.11.9 门的设置应符合下列规定：

    1 门应开启方便、坚固耐用；

    2 手动开启的大门扇应有制动装置，推拉门应有防脱轨的措施；

    3 双面弹簧门应在可视高度部分装透明安全玻璃；

    4 推拉门、旋转门、电动门、卷帘门、吊门、折叠门不应作为疏散门；【图示1】【图示2】

    5 开向疏散走道及楼梯间的门扇开足后，不应影响走道及楼梯平台的疏散宽度；【图示3】【图示4】

    6 全玻璃门应选用安全玻璃或采取防护措施，并应设防撞提示标志；【图示5】

    7 门的开启不应跨越变形缝；【图示6】

    8 当设有门斗时，门扇同时开启时两道门的间距不应小于0.8m；当有无障碍要求时，应符合现行国家标准《无障碍设计规范》GB 50763的规定。【图示7】【图示8】

【条文说明】

    6.11.9 3 双面弹簧门应在可视高度部分装透明玻璃，且应根据现行行业标准《建筑玻璃应用技术规程》JGJ 113的规定选择适宜玻璃。

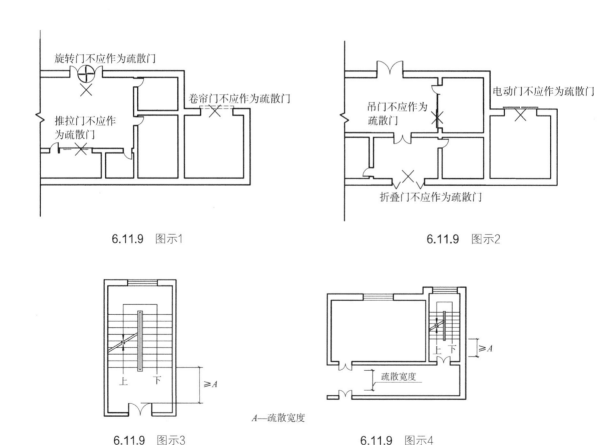

6.11.9 图示1

6.11.9 图示2

6.11.9 图示3

6.11.9 图示4

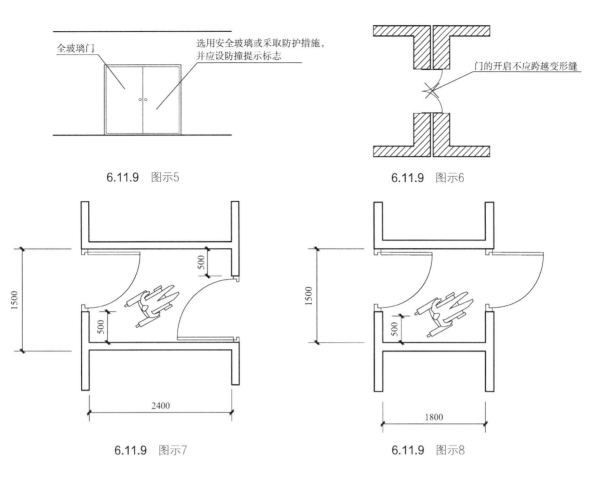

6.11.9　图示5

6.11.9　图示6

6.11.9　图示7

6.11.9　图示8

## 6.12　建筑幕墙

6.12.1　建筑幕墙应综合考虑建筑物所在地的地理、气候、环境及使用功能、高度等因素,合理选择幕墙的形式。【图示1~图示4】

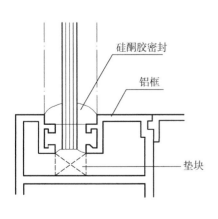

6.12.1　图示1

明框玻璃幕墙构造节点图

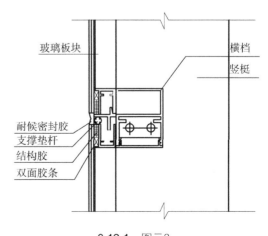

6.12.1　图示2

隐框玻璃幕墙构造节点图

6.12.1 图示3

全玻璃幕墙构造节点图

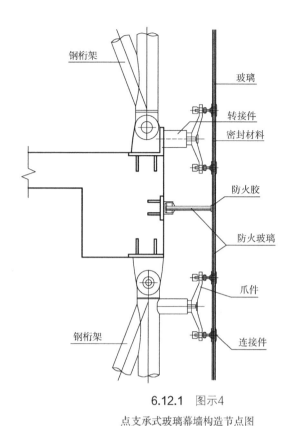

6.12.1 图示4

点支承式玻璃幕墙构造节点图

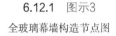

6.12.2 建筑幕墙应根据不同的面板材料，合理选择幕墙结构形式、配套材料、构造方式等。【图示1～图示3】

【条文说明】

6.12.2 建筑幕墙种类很多，按材质主要分为玻璃、金属板、石材、人造板等幕墙，设计时应根据建筑的使用功能、体形、气候、周边环境等综合考虑来选择。幕墙的分格要根据建筑的立面造型和室内的使用要求确定。开启窗扇的位置和大小也要根据建筑内部的使用要求和建筑的造型等确定。同时立面尽量简洁，这样对幕墙排雨水有利。如有建筑外景照明，设计时应把照明设施与建筑幕墙同步考虑。

建筑幕墙有相应的专业工程标准，包括现行行业标准《玻璃幕墙工程技术规范》JGJ 102、《金属与石材幕墙工程技术规范》JGJ 133、《人造板材幕墙工程技术规范》JGJ 336 等。

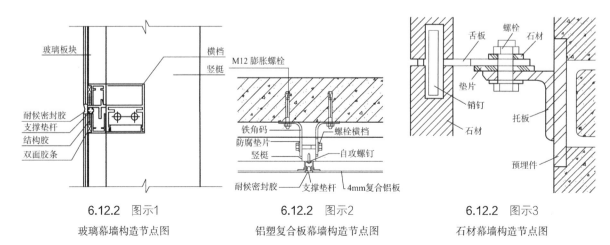

6.12.2 图示1

玻璃幕墙构造节点图

6.12.2 图示2

铝塑复合板幕墙构造节点图

6.12.2 图示3

石材幕墙构造节点图

**6.12.3** 建筑幕墙应满足抗风压、水密性、气密性、保温、隔热、隔声、防火、防雷、耐撞击、光学等性能要求，且应符合国家现行有关标准的规定。【图示】

【条文说明】

6.12.3 玻璃幕墙应满足节能、绿色、防火、防雷、抗震等标准，同时防止光污染；反光玻璃的凹面造型容易形成聚焦，反射比达到 0.3 以上，干扰就很大，聚焦后的太阳光有一定的伤害性。

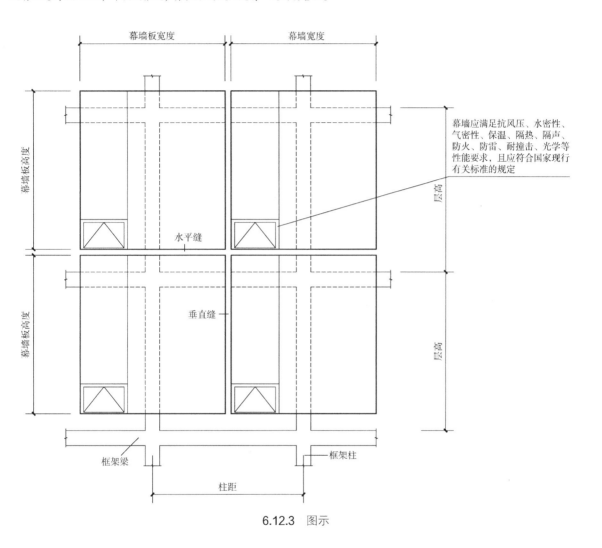

幕墙应满足抗风压、水密性、气密性、保温、隔热、隔声、防火、防雷、耐撞击、光学等性能要求，且应符合国家现行有关标准的规定

6.12.3 图示

**6.12.4** 建筑幕墙设置的防护设施应符合本标准第 6.11.6 条的规定。

**6.12.5** 建筑幕墙工程宜有安装清洗装置的条件。

## 6.13 楼地面

**6.13.1** 地面的基本构造层宜为面层、垫层和地基;【图示1】楼面的基本构造层宜为面层和楼板。【图示2】当地面或楼面的基本构造不能满足使用或构造要求时,可增设结合层、隔离层、填充层、找平层、防水层、防潮层和保温绝热层等其他构造层。【图示3】

【条文说明】

6.13.1 根据现行国家标准《建筑地面设计规范》GB 50037标准中有关条文,本条规定楼(地)面的基本构造层次,而其他层次则按需要设置。

1 填充层主要是针对楼层地面遇有暗敷管线、排水找坡、保温和隔声等使用要求。同时需指出并非为了暗敷管线而填充层,相反因设计为了其他目的增设填充层,此时,管线有可能在填充层中暗敷。【图示4】

2 严寒、寒冷地区底层地面可以加设防潮层、保温绝热层等。

3 设置地暖的底层和楼层地面都需设置填充层、绝热层。

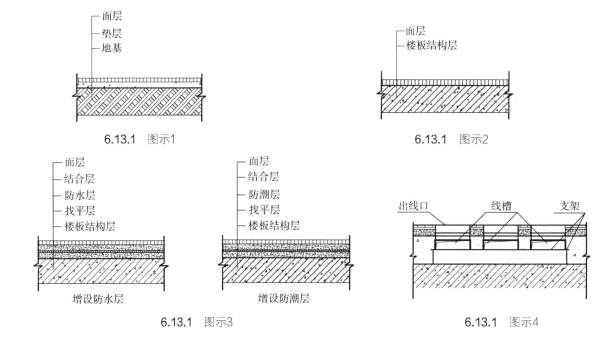

6.13.1 图示1

6.13.1 图示2

增设防水层

增设防潮层

6.13.1 图示3

6.13.1 图示4

**6.13.2** 除有特殊使用要求外,楼地面应满足平整、耐磨、不起尘、环保、防污染、隔声、易于清洁等要求,且应具有防滑性能。【图示】

【条文说明】

6.13.2 本条文是针对无特殊要求的,一般常用的楼地面提出的基本要求,有特定使用功能和特殊要求的楼地面设计标准,应参见现行国家标准《建筑地面设计规范》GB 50037中的相关规定。

楼板有撞击声隔声性能要求时,应符合现行国家标准《民用建筑隔声设计规范》GB 50118的规定。

经常有大量人员走动和使用轮椅、小型推车行驶的楼地面及公共场所,如火车站、码头、机场和长途汽车站等建筑物的公共空间楼地面,要求其面层材料具有防滑性能,并具有足够的强度和耐磨性。目的是为避免在密集人流行进中绊倒、滑倒的伤害事故出现,尤其是防止残疾人、老年人和儿童倒。同时,因室外地面选材不当,逢雨雪天气或地面湿滑,也时常有事故发生。轻则摔痛、受伤,严重时甚至危及生命安全,设计人员应高度重视。要求楼地面面层必须平整、防滑、耐磨,避免出现较大的缝隙,特别是防滑问题。建筑楼地面的防滑性能划分等级及防滑面层材料的选用标准,应参见现行行业标准《地面石材防滑性能等级划分及试验方法》JC/T 1050及《建筑地面工程防滑技术规程》JGJ/T 331中的相关规定。

值得注意的是,设计人员在确定室内干态楼地面材料时,应充分考虑湿态环境下该材质的防滑等级会有所降低,降低幅度依材质不同而确定。

楼地面应满足平整、耐磨、不起尘、环保、防污染、隔声、易于清洁等要求，且应具有防滑性能

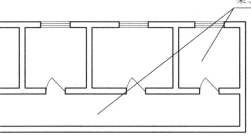

6.13.2　图示

6.13.3　厕所、浴室、盥洗室等受水或非腐蚀性液体经常浸湿的楼地面应采取防水、防滑的构造措施，并设排水坡坡向地漏。有防水要求的楼地面应低于相邻楼地面15.0mm【图示1】。经常有水流淌的楼地面应设置防水层，宜设门槛等挡水设施，且应有排水措施，其楼地面应采用不吸水、易冲洗、防滑的面层材料，并应设置防水隔离层。【图示2～图示5】

【条文说明】

6.13.3　对厕浴间、厨房等有水或有浸水可能的楼地面应采取防水构造和排水措施。防水层沿墙面处翻起高度不宜小于250mm；遇门洞口处可采取防水层向外水平延展措施，延展宽度不宜小于500mm，向外两侧延展宽度不宜小于200mm。

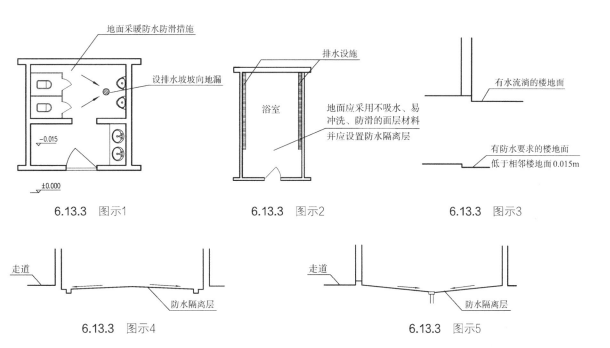

6.13.3　图示1　　　　　　6.13.3　图示2　　　　　　6.13.3　图示3

6.13.3　图示4　　　　　　　　　　6.13.3　图示5

6.13.4　建筑地面应根据需要采取防潮、防基土冻胀或膨胀、防不均匀沉陷等措施。

【条文说明】

6.13.4　筑于基土上的地面防潮措施分两种情况：

1　对由于基土中毛细管水上升的受潮，一般采用混凝土类地面垫层或防潮层；

2　对南方湿热空气产生的地面结露一般采用加强通风、做架空地面，或采用有一定吸湿性和热惰性大的面层材料等措施。

**6.13.5** 存放食品、食料、种子或药物等的房间，其楼地面应采用符合国家现行相关卫生环保标准的面层材料。【图示】

【条文说明】

6.13.5 存放食品、种子、药物、烟、茶等物品的房间，存放物不免会与地面接触，工程中应防止采用有毒、有害及散发异味的楼地面材料。尤其是吸味较强的烟、茶等物品不一定有毒性，但会影响到物品的气味和质量。

部分建材目前属于发展中的材料，其产品及特性均在不断变化，它们的化合过程也比较复杂，所以在设计裸装状况下的食品或药物可能直接接触楼地面时，材料的毒性须经当地有关卫生防疫部门鉴定。

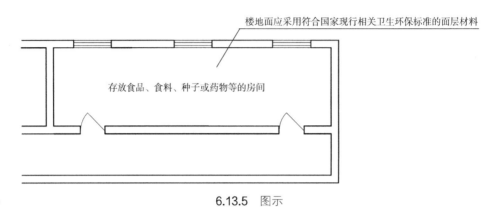

6.13.5　图示

**6.13.6** 受较大荷载或有冲击力作用的楼地面，应根据使用性质及场所选用由板、块材料、混凝土等组成的易于修复的刚性构造，或由粒料、灰土等组成的柔性构造。【图示】

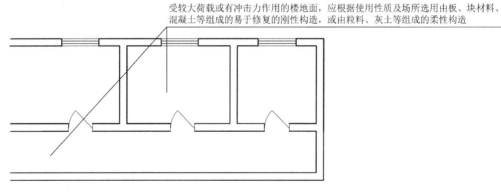

6.13.6　图示

**6.13.7** 木板楼地面应根据使用要求及材质特性，采取防火、防腐、防潮、防蛀、通风等相应措施。【图示1～图示3】

【条文说明】

6.13.7 本条文是对木板楼地面材料需进行必要的防腐、防蛀等处理和构造要求。

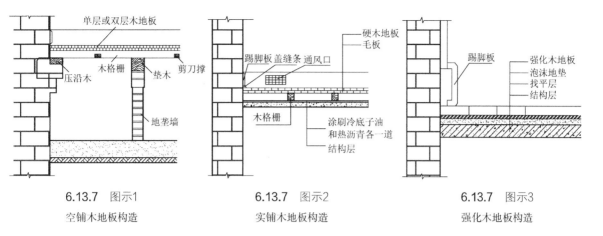

| 6.13.7　图示1 | 6.13.7　图示2 | 6.13.7　图示3 |
| :---: | :---: | :---: |
| 空铺木地板构造 | 实铺木地板构造 | 强化木地板构造 |

## 6.14　屋面

**6.14.1**　屋面工程应根据建筑物的性质、重要程度及使用功能，结合工程特点、气候条件等按不同等级进行防水设防，合理采取保温、隔热措施。见表6.14.1

【条文说明】

6.14.1　屋面工程应按照现行国家标准《屋面工程技术规范》GB 50345、《坡屋面工程技术规范》GB 50693、《压型金属板工程应用技术规范》GB 50896和现行行业标准《种植屋面工程技术规程》JGJ 155中相应条款合理确定屋面工程防水设防标准。

**屋面防水等级和设防要求**　　　　　　　　　　　　　　　　　　表6.14.1

| 防水等级 | 建筑类别 | 设防要求 |
| :---: | :---: | :---: |
| Ⅰ级 | 重要建筑和高层建筑 | 两道防水设防 |
| Ⅱ级 | 一般建筑 | 一道防水设防 |

**6.14.2**　屋面排水坡度应根据屋顶结构形式、屋面基层类别、防水构造形式、材料性能及当地气候等条件确定，且应符合表6.14.2的规定，并应符合下列规定，见表6.14.2：

　　1　屋面采用结构找坡时不应小于3%，采用建筑找坡时不应小于2%；【图示1】【图示2】

　　2　瓦屋面坡度大于100%【图示3】以及大风和抗震设防烈度大于7度的地区，应采取固定和防止瓦材滑落的措施；【图示4】

　　3　卷材防水屋面檐沟、天沟纵向坡度不应小于1%【图示5】【图示6】，金属屋面集水沟可无坡度；

　　4　当种植屋面的坡度大于20%时，应采取固定和防止滑落的措施。【图示7】

【条文说明】

6.14.2　各类屋面采用的屋顶结构形式、屋面基层类别、防水构造措施和材料性能存在较大的差别，所以屋顶的排水坡度应根据上述因素结合当地气候条件综合确定。各类屋面的排水坡度除了要满足大于最小坡度外，当屋面坡度较大时，应按照具体技术要求增加屋面系统构造层材料防滑和固定措施，并应符合有关标准的规定。

屋面的排水坡度

表6.14.2

| 屋面类型 | 屋面类型 | 屋面排水坡度% |
|---|---|---|
| 平屋面 | 防水卷材屋面 | ≥ 2、< 5 |
| 瓦屋面 | 块瓦 | ≥ 30 |
| | 波形瓦 | ≥ 20 |
| | 沥青瓦 | ≥ 20 |
| 金属屋面 | 压型金属板、金属夹芯板 | ≥ 5 |
| | 单层防水卷材金属屋面 | ≥ 2 |
| 种植屋面 | 种植屋面 | ≥ 2、< 5 |
| 采光屋面 | 玻璃采光顶 | ≥ 5 |

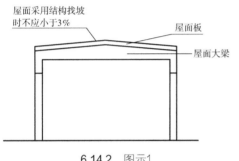

6.14.2 图示1

结构找坡

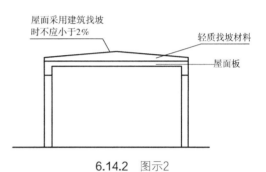

6.14.2 图示2

建筑找坡

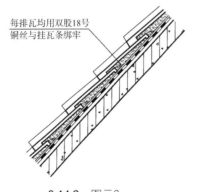

6.14.2 图示3

瓦屋面坡度大于100%

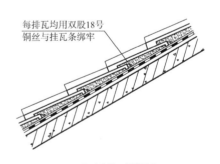

6.14.2 图示4

大风和抗震设防烈度大于7度的地区

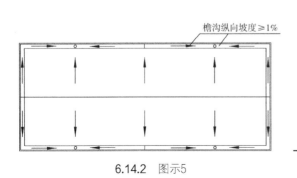

6.14.2 图示5

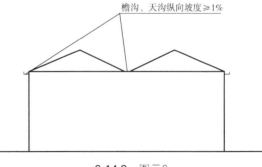

6.14.2 图示6

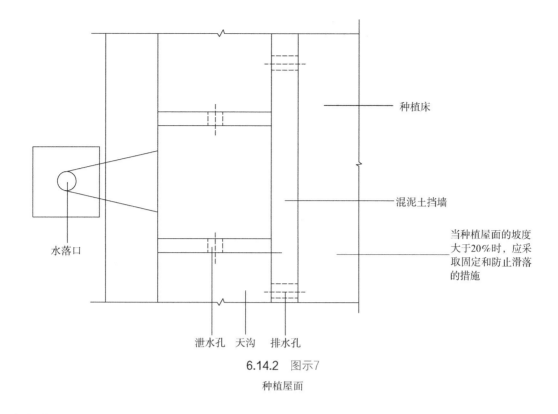

6.14.2 图示7

种植屋面

6.14.3 上人屋面应选用耐霉变、拉伸强度高的防水材料。防水层应有保护层，保护层宜采用块材或细石混凝土。【图示】

【条文说明】

6.14.3 本条为新增条款，随着屋面空间应用功能的扩展，屋面作为上人使用越来越多，对于上人屋面除了在结构荷载方面有相应规定外，还应对屋面材料提出相应要求。

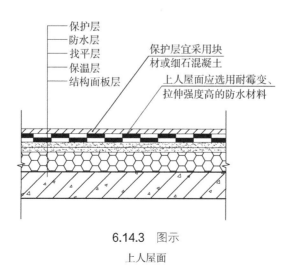

6.14.3 图示

上人屋面

6.14.4 种植屋面结构应计算种植荷载作用，并宜设置植物浇灌设施，防水层应满足耐根穿刺要求。见表6.14.4【图示】

【条文说明】

6.14.4 本条为新增条款，针对种植屋面提出相应规定。

初栽种植屋面荷载 表6.14.4

| 种植屋面 | 小乔木（带土球） | 大灌木 | 小灌木 | 地被植物 |
|---|---|---|---|---|
| 植物高度或面积 | 2.0 ~ 2.5m | 1.5 ~ 2.0m | 1.0 ~ 1.5m | 1.0 ~ 0.3kN/m² |
| 植物荷载（kN/株） | 0.8 ~ 1.2 | 0.6 ~ 0.8 | 0.3 ~ 0.6 | 0.15 ~ 1.0m |
| 种植荷载（kN/株） | 2.5 ~ 3.0 | 1.5 ~ 2.5 | 1.0 ~ 1.5 | 0.5m² |

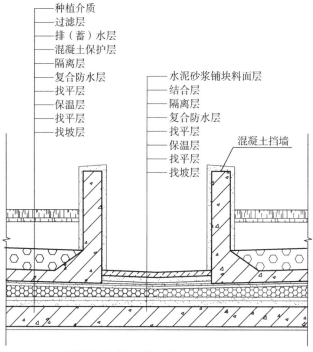

注：防水层应满足耐根穿刺要求

6.14.4 图示

**6.14.5 屋面排水应符合下列规定：**

　　1　屋面排水宜结合气候环境优先采用外排水，严寒地区、高层建筑、多跨及集水面积较大的屋面宜采用内排水，屋面雨水管的数量、管径应通过计算确定；【图示1】【图示2】

　　2　当上层屋面雨水管的雨水排至下层屋面时，应有防止水流冲刷屋面的设施；【图示3】

　　3　屋面雨水排水系统宜设置溢流系统，溢流排水口的位置不得设在建筑出入口的上方；

　　4　当屋面采用虹吸式雨水排水系统时，应设溢流设施，集水沟的平面尺寸应满足汇水要求和雨水斗的安装要求，集水沟宽度不宜小于300mm，有效深度不宜小于250mm，集水沟分水线处最小深度不应小于100mm；【图示4】

　　5　屋面雨水天沟、檐沟不得跨越变形缝和防火墙；【图示5】

　　6　屋面雨水系统不得和阳台雨水系统共用管道。屋面雨水管应设在公共部位，不得在住宅套内穿越。【图示6】【图示7】

**【条文说明】**

　　6.14.5　溢流系统包括溢流口、溢流堰、溢流管系等；天沟的宽度，一般钢筋混凝土天沟宽不宜小于500mm，钢板天沟不宜小于400mm。瓦屋面采用150～200mm宽成品檐沟时，纵向可以不找坡。

屋面排水宜结合气候环境优先采用外排水　　　　　严寒地区、高层建筑、多跨及集水面积较大的屋面宜采用内排水

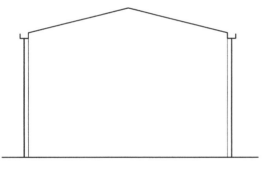

6.14.5　图示1

屋面外排水

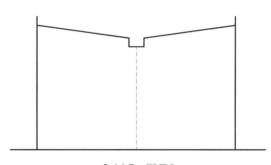

6.14.5　图示2

屋面内排水

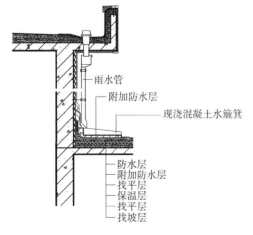

6.14.5　图示3

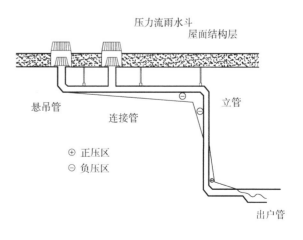

6.14.5　图示4

虹吸式雨水排水系统示意图

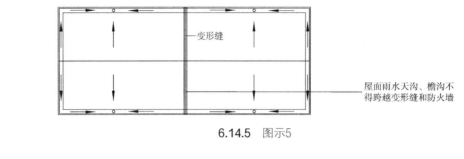

6.14.5　图示5

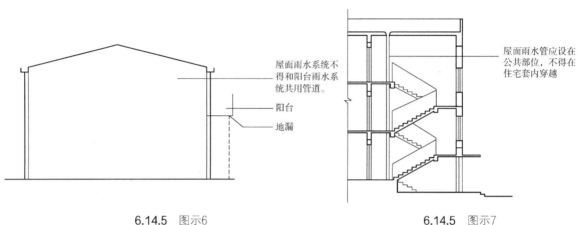

6.14.5　图示6　　　　　　　　　　　6.14.5　图示7

6.14.6　屋面构造应符合下列规定：

　　1　设置保温隔热层的屋面应进行热工验算，应采取防结露、防蒸汽渗透等技术措施，且应符合现行国家标准《建筑设计防火规范》GB 50016 的相关规定；

　　2　当屋面坡度较大时，应采取固定加强和防止屋面系统各个构造层及材料滑落的措施；

　　3　强风地区的金属屋面和异形金属屋面，应在边区、角区、檐口、屋脊及屋面形态变化处采取构造加强措施；

　　4　采用架空隔热层的屋面，架空隔热层的高度应按照屋面的宽度或坡度的大小变化确定，架空隔热层不得堵塞；【图示 1】

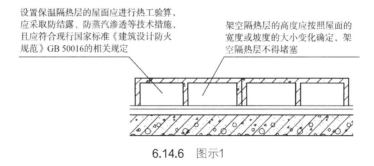

6.14.6　图示1

5 屋面应设上人检修口；当屋面无楼梯通达，并低于10m时，可设外墙爬梯，并应有安全防护和防止儿童攀爬的措施；大型屋面及异形屋面的上屋面检修口宜多于2个；【图示2】【图示3】

6 闷顶应设通风口和通向闷顶的检修人孔，闷顶内应设防火分隔；【图示4】

7 严寒及寒冷地区的坡屋面，檐口部位应采取防止冰雪融化下坠和冰坝形成等措施；【图示5】

8 天沟、天窗、檐沟、檐口、雨水管、泛水、变形缝和伸出屋面管道等处应采取与工程特点相适应的防水加强构造措施，并应符合国家现行有关标准的规定。【图示6】

【条文说明】

6.14.6 屋面坡度大于100%以及大风和抗震设防烈度7度以上地区，瓦材容易脱落，产生安全隐患，必须采取加固措施，块瓦和波形瓦一般用金属件锁固，沥青瓦一般采用满粘和增加固定钉的措施。金属屋面在边区角区、檐口屋脊部位以及屋面形态变化处承担较大风力，故应采取相应构造加强措施。考虑到屋面的检修维修要求，检修口设置的数量和位置应在满足防火标准要求的同时，其开口尺寸宜满足携带维修工具抵达的要求；屋面高差低于5m时可采用移动式爬梯，高差大于等于5m时应设上屋面的检修人孔或外墙爬梯。

严寒和寒冷地区冬季屋顶积雪较大，当气温升高时，屋顶的冰雪下部融化，大片的冰雪会沿屋顶坡度方向下坠，易造成安全事故。因此应采取相应的安全措施，如在临近檐口的屋面上增设挡雪栅栏或加宽檐沟等措施。

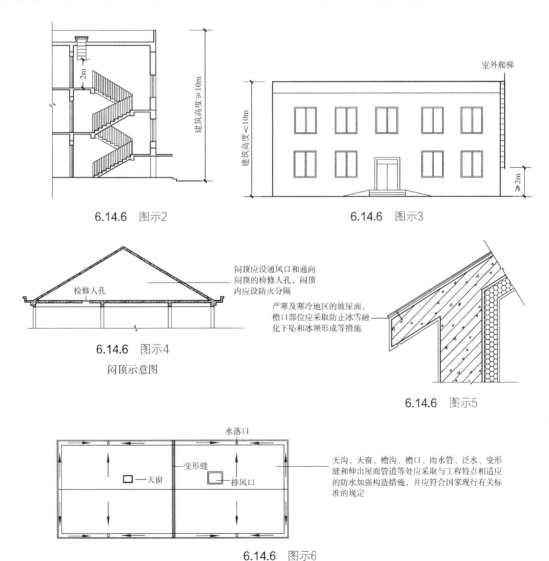

6.14.6 图示2

6.14.6 图示3

6.14.6 图示4
闷顶示意图

6.14.6 图示5

6.14.6 图示6

## 6.15 吊顶

**6.15.1** 室外吊顶应根据建筑性质、高度及工程所在地的地理、气候和环境等条件合理选择吊顶的材料及形式。吊顶构造应满足安全、防火、抗震、抗风、耐候、防腐蚀等相关标准的要求。室外吊顶应有抗风揭的加强措施。【图示1】【图示2】

【条文说明】

6.15.1 当吊顶处于室外时，会受自然环境的影响，如风、雪、空气腐蚀、温湿度、阳光照射等因素，如不根据具体工程的实际情况合理选择吊顶形式、材料等，会影响到吊顶的安全。尤其是海边，吊顶所用的吊挂件、管线等所有材料均要选择耐腐蚀的，否则日久天长存在安全隐患。

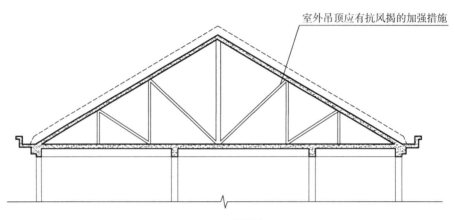

6.15.1 图示1

室外吊顶示意图

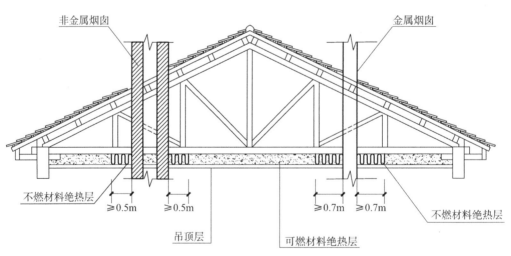

6.15.1 图示2

吊顶安全防火示意图

6.15.2 室内吊顶应根据使用空间功能特点、高度、环境等条件合理选择吊顶的材料及形式。吊顶构造应满足安全、防火、抗震、防潮、防腐蚀、吸声等相关标准的要求。【图示1】【图示2】

**【条文说明】**

6.15.2 室内吊顶虽然比室外吊顶的环境要好得多，但也需要根据使用场所的特点，合理选择形式与材料。

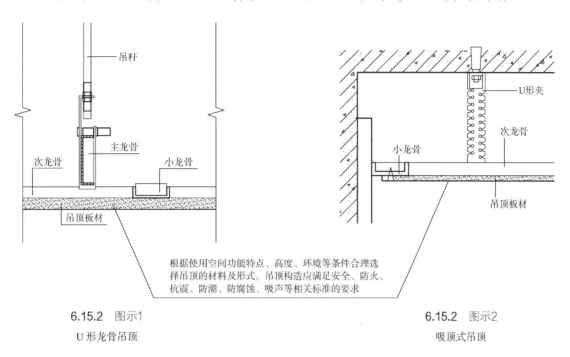

根据使用空间功能特点、高度、环境等条件合理选择吊顶的材料及形式。吊顶构造应满足安全、防火、抗震、防潮、防腐蚀、吸声等相关标准的要求

6.15.2　图示1

U 形龙骨吊顶

6.15.2　图示2

吸顶式吊顶

6.15.3 室外吊顶与室内吊顶交界处应有保温或隔热措施，且应符合国家现行建筑节能标准的相关规定。【图示】

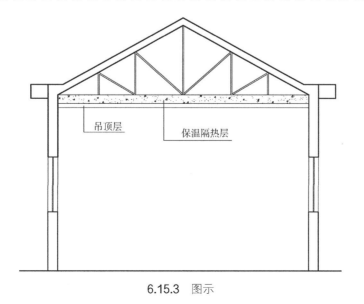

6.15.3　图示

6.15.4 吊顶与主体结构的吊挂应有安全构造措施,重物或有振动等的设备应直接吊挂在建筑承重结构上,并应进行结构计算,满足现行相关标准的要求;当吊杆长度大于1.5m时,宜设钢结构支撑架或反支撑。【图示】

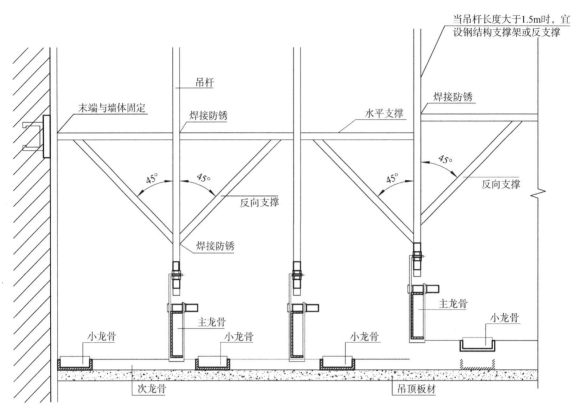

6.15.4 图示

吊杆与支撑拉结示意图

6.15.5 吊顶系统不得吊挂在吊顶内的设备管线或设施上。【图示】

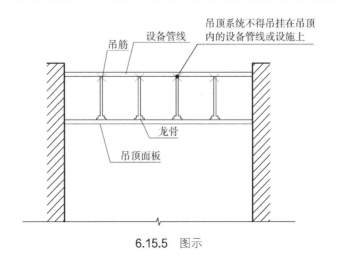

6.15.5 图示

6.15.6    管线较多的吊顶应符合下列规定：

　　1    合理安排各种设备管线或设施，并应符合国家现行防火、安全及相关专业标准的规定；【图示1】

　　2    上人吊顶应满足人行及检修荷载的要求，并应留有检修空间，根据需要应设置检修道（马道）和便于进出入吊顶的人孔；【图示2】

　　3    不上人吊顶宜采用便于拆卸的装配式吊顶板或在需要的位置设检修孔。

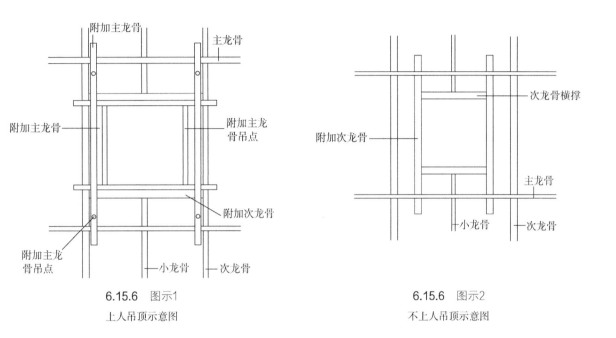

6.15.6    图示1
上人吊顶示意图

6.15.6    图示2
不上人吊顶示意图

6.15.7    当吊顶内敷设有水管线时，应采取防止产生冷凝水的措施。【图示】

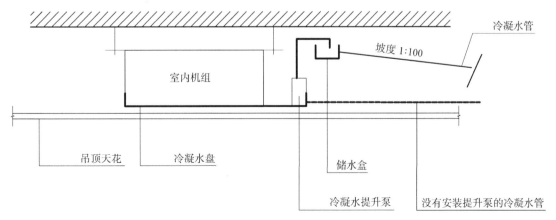

6.15.7    图示

6.15.8  潮湿房间或环境的吊顶,应采用防水或防潮材料和防结露、滴水及排放冷凝水的措施;【图示1】钢筋混凝土顶板宜采用现浇板。【图示2】

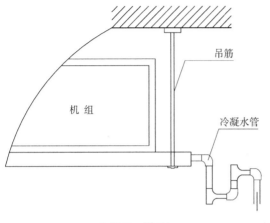

6.15.8  图示1

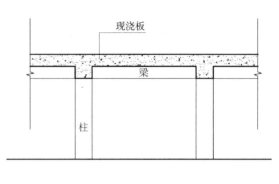

6.15.8  图示2

6.16  管道井、烟道和通风道

6.16.1  管道井、烟道和通风道应用非燃烧体材料制作,且应分别独立设置,不得共用。【图示】

【条文说明】

6.16.1  本条文要求管道井、烟道和通风道不应出现二合一或三合一混用的情况,即不允许管道井同时兼作烟道或通风道,三者应分别独立设置。

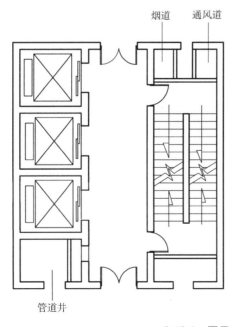

6.16.1  图示

6.16.2 管道井的设置应符合下列规定:

1 在安全、防火和卫生等方面互有影响的管线不应敷设在同一管道井内。【图示 1】

2 管道井的断面尺寸应满足管道安装、检修所需空间的要求。当井内设置壁装设备时,井壁应满足承重、安装要求。【图示 1】

3 管道井壁、检修门、管井开洞的封堵做法等应符合现行国家标准《建筑设计防火规范》GB 50016 的有关规定。

4 管道井宜在每层临公共区域的一侧设检修门,检修门门槛或井内楼地面宜高出本层楼地面,且不应小于 0.1m。【图示 2】【图示 3】

5 电气管线使用的管道井不宜与厕所、卫生间、盥洗室和浴室等经常积水的潮湿场所贴邻设置。【图示 4】

6 弱电管线与强电管线宜分别设置管道井。【图示 5】【图示 6】

7 设有电气设备的管道井,其内部环境应保证设备正常运行。

【条文说明】

6.16.2 管道井一般多设置在每层公共走道、门厅等公共区域一侧,如旅馆、办公楼等,在特定功能条件下,也有设置在房间内部的,如实验室、住宅等。管道井应尽可能临公共区域设置,并在临公共区域一侧的墙面上设检修洞口,以防止相邻用房之间造成不安全的联通体,同时也便于日常的管理和维修。有关防火要求应符合防火标准的规定。居住建筑、公共建筑管道井内外都应有足够的设备安装和日常操作空间。

电气管线(设备)使用的管道井在设置上有一定的特殊要求,应避免因防水、防潮问题影响电气使用安全。在一般情况下,此类管井不应与厕所、卫生间、盥洗室、浴室、厨房等日常用水频繁,易出现积水、潮湿、水汽的用房贴临布置。在确实无法避免的特殊情况下,必须采取有效的防水、防潮加强措施,确保电气使用安全。

为了减少电磁干扰,便于系统维护、维修及施工,一般情况下,弱电竖井和强电竖井应分别设置。在由于条件所限确有困难时,弱电管线与强电管线可合用管道井,但合用的管道井内,弱电管线与强电管线的间距及防护要求应满足电气专业相关标准的规定。

电气管线使用的管道井内有时需要集成配置少量的小型电气设备,为保证设备的正常运行,需注意满足管道井内通风散热等环境指标的要求。不同电气设备所要求的运行环境指标不同,采取的通风空调方式也有不同。如设有服务器的弱电竖井内,因服务器发热量大,如不采取相应的通风或降温措施,可能导致服务器烧毁或不能正常运行。

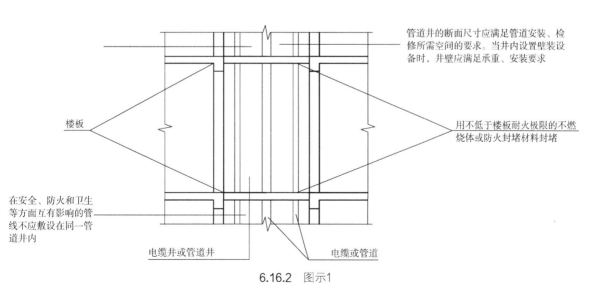

6.16.2 图示1

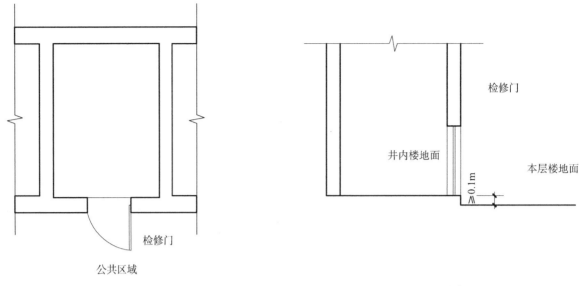

检修门

井内楼地面

本层楼地面

≥0.1m

公共区域

检修门

6.16.2　图示2
管道井平面示意图

6.16.2　图示3
管道井剖面示意图

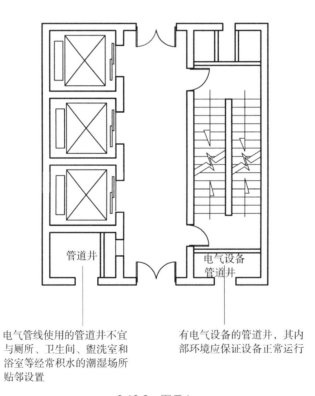

管道井

电气设备
管道井

电气管线使用的管道井不宜
与厕所、卫生间、盥洗室和
浴室等经常积水的潮湿场所
贴邻设置

有电气设备的管道井，其内
部环境应保证设备正常运行

6.16.2　图示4

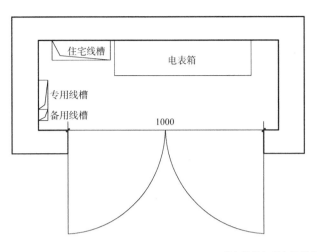

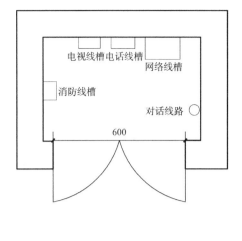

弱电管线与强电管线宜分别设置管道井

6.16.2　图示5

强电平面示意图

6.16.2　图示6

弱电平面示意图

6.16.3　进风道、排风道和烟道的断面、形状、尺寸和内壁应有利于进风、排风、排烟（气）通畅，防止产生阻滞、涡流、窜烟、漏气和倒灌等现象。【图示1】【图示2】

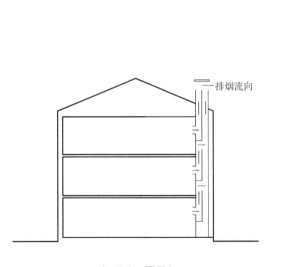

6.16.3　图示1

烟道示意图

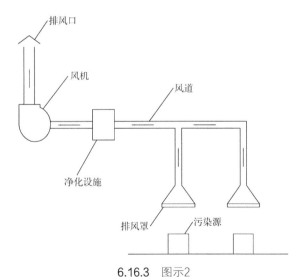

6.16.3　图示2

排风道示意图

6.16.4 自然排放的烟道和排风道宜伸出屋面，同时应避开门窗和进风口。伸出高度应有利于烟气扩散，并应根据屋面形式、排出口周围遮挡物的高度、距离和积雪深度确定，伸出平屋面的高度不得小于 0.6m【图示 1】。伸出坡屋面的高度应符合下列规定：

1 当烟道或排风道中心线距屋脊的水平面投影距离小于 1.5m 时，应高出屋脊 0.6m；【图示 2】

2 当烟道或排风道中心线距屋脊的水平面投影距离为 1.5～3.0m 时，应高于屋脊，且伸出屋面高度不得小于 0.6m；【图示 2】

3 当烟道或排风道中心线距屋脊的水平面投影距离大于 3.0m 时，可适当低于屋脊，但其顶部与屋脊的连线同水平线之间的夹角不应大于 10°，且伸出屋面高度不得小于 0.6m。【图示 2】

【条文说明】

6.16.4 烟道和排风道伸出屋面高度由多种因素决定，由于各种原因屋面上并非总是处于负压。如果伸出高度过低，不仅难以保证必要的防水等构造要求，也容易使排出气体因受风压影响而向室内倒灌，特别是顶层用户，由于管道高度不足而产生倒灌的现象比较普遍。因此，在本条文中明确规定了烟道和排风道最低伸出屋面高度的要求，同时对烟道伸出坡屋面的最小高度做了重点细化要求。伸出屋面高度按照烟道、排风道中心线伸出屋面完成面的垂直高度计算。

$B$—通风道伸出高度

6.16.4 图示1

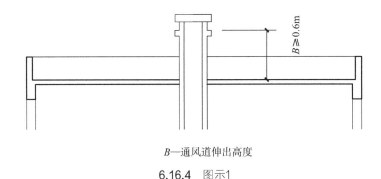

$C$—高出屋脊尺寸；

$D$—伸出屋脊尺寸；

$L$—烟道、通风道距屋脊水平距离

6.16.4 图示2

6.16.5　烟道和排风道的设置尚应符合国家现行相关标准的规定。【图示1】【图示2】

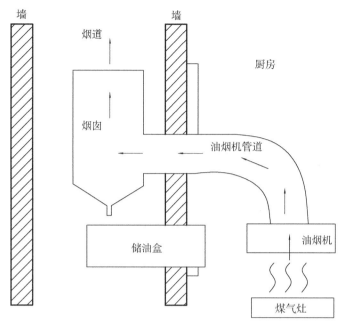

6.16.5　图示1
厨房烟道示意图

6.16.5　图示2
排风道示意图

## 6.17 室内外装修

6.17.1 室内外装修设计应符合下列规定：

1 室内外装修不应影响建筑物结构的安全性。当既有建筑改造时，应进行可靠性鉴定，根据鉴定结果进行加固。【图示】

2 装修工程应根据使用功能等要求，采用节能、环保型装修材料，且应符合现行国家标准《建筑设计防火规范》GB 50016 的相关规定。【图示】

【条文说明】

6.17.1 装修材料应符合现行国家标准《建筑内部装修设计防火规范》GB 50222、《民用建筑工程室内环境污染控制规范》GB 50325、《室内装饰装修材料有害物质限量》GB 18580 ～ GB 18587、《建筑材料放射性核素限量》GB 6566 的相关规定。

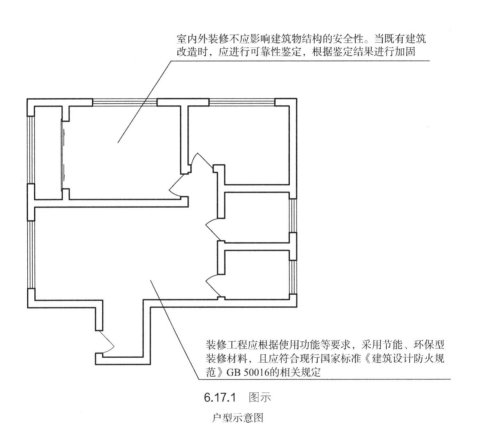

6.17.1 图示

户型示意图

**6.17.2 室内装修设计应符合下列规定：**

1 室内装修不得遮挡消防设施标志、疏散指示标志及安全出口，并不得影响消防设施和疏散通道的正常使用；【图示】

2 既有建筑重新装修时，应充分利用原有设施、设备管线系统，且应满足国家现行相关标准的规定；【图示】

3 室内装修材料应符合现行国家标准《民用建筑工程室内环境污染控制规范》GB 50325 的相关要求。【图示】

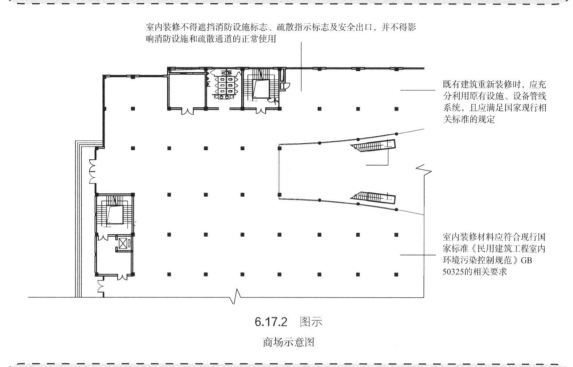

室内装修不得遮挡消防设施标志、疏散指示标志及安全出口，并不得影响消防设施和疏散通道的正常使用

既有建筑重新装修时，应充分利用原有设施、设备管线系统，且应满足国家现行相关标准的规定

室内装修材料应符合现行国家标准《民用建筑工程室内环境污染控制规范》GB 50325的相关要求

6.17.2 图示

商场示意图

**6.17.3 外墙装修材料或构件与主体结构的连接必须安全牢固。【图示1】【图示2】**

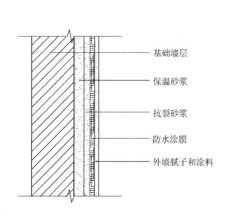

基础墙层

保温砂浆

抗裂砂浆

防水涂膜

外墙腻子和涂料

6.17.3 图示1

外墙装修构造示意图

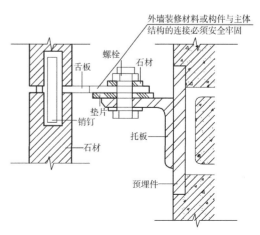

外墙装修材料或构件与主体结构的连接必须安全牢固

螺栓

舌板

石材

垫片

销钉

石材

托板

预埋件

6.17.3 图示2

石材幕墙构造节点图

# 7 室内环境

## 7.1 光环境

**7.1.1** 建筑中主要功能房间的采光计算应符合现行国家标准《建筑采光设计标准》GB 50033 的规定。【图示】

【条文说明】

7.1.1 居住建筑的功能房间包括卧室、起居室（厅）、书房、厨房和卫生间。对于公共建筑，除走廊、核心筒、卫生间、电梯间、机房等，其余的为功能房间。建筑采光按现行国家标准《建筑采光设计标准》GB 50033 规定的采光等级进行验算。在建筑方案设计阶段，其采光窗洞口面积和采光有效进深可按现行国家标准《建筑采光设计标准》GB 50033 的规定进行估算。建筑采光的评价指标为采光系数，在一般情况下，可利用现行国家标准《建筑采光设计标准》GB 50033 提供的图表法确定标准规定的平均采光系数或窗地面积比，对于大型公共建筑，由于体形复杂，窗户的形式和位置各异，计算工作量大，当需要对其进行采光分析时，可使用软件来计算完成。

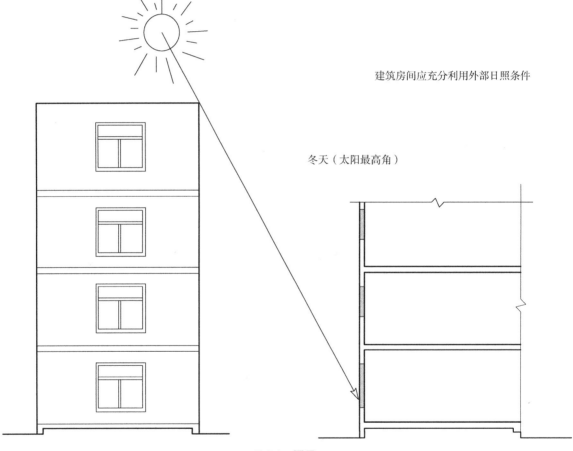

7.1.1 图示

**7.1.2** 居住建筑的卧室和起居室（厅）、医疗建筑的一般病房的采光不应低于采光等级Ⅳ级的采光系数标准值，教育建筑的普通教室的采光不应低于采光等级Ⅲ级的采光系数标准值，且应进行采光计算。采光应符合下列规定：

　　1　每套住宅至少应有一个居住空间满足采光系数标准要求【图示】，当一套住宅中居住空间总数超过 4 个时，其中应有 2 个及以上满足采光系数标准要求；

　　2　老年人居住建筑和幼儿园的主要功能房间应有不小于 75% 的面积满足采光系数标准要求。

**【条文说明】**

7.1.2　在现行国家标准《建筑采光设计标准》GB 50033 中将住宅建筑的卧室和起居室（厅）、医疗建筑的一般病房、教育建筑的普通教室的采光系数标准值规定为强制性条文。

本条一般病房指入院病人接受观察、护理、治疗的用房，也称病房，不包括隔离病房和监护病房。普通教室指按照班级标准人数规模设置的、进行教学用的教室，不包括专用教室如实验室、多媒体教室、美术教室、音乐教室、体育用房等。

本条规定的采光系数标准值一般需要利用采光软件进行模拟计算，因为目前住宅形式多样化，室外遮挡严重，外立面上形成的各种自遮挡也会对采光产生不利影响。计算机模拟计算可以通过严格建模，精确计算，定量给出平均采光系数和室内任一点的采光系数值。

1　本款居住空间指卧室、起居室（厅）。采光和日照不同，日照有朝向问题，会出现无日照的房间，而采光则不然，居住空间都能获得采光，所以采光和日照标准不能完全等同，应该有更多的房间满足采光标准要求。居住空间的采光按套规定比较合理，鉴于我国现有住宅建筑类型多样，特别是保障性住房，用地一般比较紧张，至少也应该有一个居住空间满足采光系数标准，其他居住空间可适当降低采光系数标准。对于一套住宅中居住空间总数超过 4 个时，因有凹槽窗、凹阳台、封闭阳台、建筑遮挡等也不可能全部满足采光标准要求，所以规定 2 个以上满足采光系数标准。

2　老年人居住建筑指专为老年人设计、供其起居生活使用，符合老年人生理、心理要求的居住建筑，其主要功能房间指卧室、起居室（厅）。幼儿园的主要功能房间与公共建筑主要功能房间的含义相同。本款老年人居住建筑、幼儿园的采光是按整栋建筑考虑的，以上建筑应该比普通住宅要求更高，设计时选择的环境条件也会更好，一般不会设计成凹槽窗、凹阳台，阳台也不一定做成封闭型的，采光更容易满足，幼儿园参照了国家标准《绿色建筑评价标准》GB/T 50378—2014 第 8.2.6 条公共建筑主要功能房间满足采光标准的面积比例，取其中间值 75%。

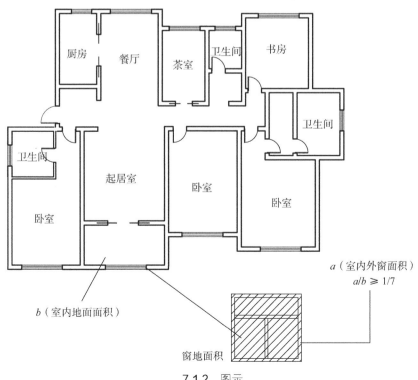

7.1.2　图示

7.1.3 有效采光窗面积计算应符合下列规定：

　　1 侧面采光时，民用建筑采光口离地面高度0.75m以下的部分不应计入有效采光面积；【图示1】

　　2 侧窗采光口上部的挑檐、装饰板、防火通道及阳台等外部遮挡物在采光计算时，应按实际遮挡参与计算。【图示2】

【条文说明】

7.1.3 采光系数标准值在规定条件下与窗地面积比有一定的对应关系，在计算窗地面积比时，窗洞口面积应为其有效面积。

　　1 因为采光标准规定的采光系数标准值和室内天然光照度标准值是指参考平面上的平均值，民用建筑规定的参考平面为距地0.75m的平面，所以采光口离地面高度0.75m以下的部分不应计入有效采光面积。

　　2 影响采光系数的因素很多，除了窗洞口面积以外，室内饰面材料的反射系数、窗的透光材料和窗结构以及建筑物自身的外部遮挡物挑檐、装饰板、防火通道及阳台等都会对采光系数产生重要影响，在进行采光计算时都应包括在内。

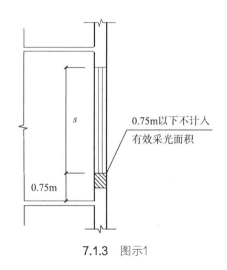

7.1.3　图示1

7.1.3　图示2

**7.1.4** 建筑照明的数量和质量指标应符合现行国家标准《建筑照明设计标准》GB 50034 的规定。各场所的照明评价指标应符合表 7.1.4 的规定。【图示】

**【条文说明】**

7.1.4 公共建筑包括图书馆、办公、商店、观演、旅馆、医疗、教育、美术馆、科技馆、会展、交通、金融建筑。室内照明质量是影响室内环境质量的重要因素之一，良好的照明不但有利于提升人们的工作和学习效率，更有利于人们的身心健康，减少各种职业疾病。良好、舒适的照明要求在参考平面上具有适当的照度水平，避免眩光，显色效果良好。各类民用建筑中的室内照度、统一眩光值或眩光值、一般显色指数等照明数量和质量指标要满足现行国家标准《建筑照明设计标准》GB 50034 的有关规定。其中，公共建筑常用房间或场所的不舒适眩光应采用统一眩光值（UGR）评价，按国家标准《建筑照明设计标准》GB 50034—2013 国家标准附录 A 计算；体育场馆的不舒适眩光应采用眩光值（GR）评价，按《建筑照明设计标准》GB 50034—2013 附录 B 计算。眩光限值应符合现行国家标准《建筑照明设计标准》GB 50034 的规定。长期工作或停留的房间或场所，照明光源的显色指数（Ra）不应小于 80。常用房间或场所的显色指数最小允许值应符合现行国家标准《建筑照明设计标准》GB 50034 的规定。

**各场所的照明评价指标**　　　　　　　　　　　　　　　　　　表7.1.4

| 建筑类别 | 评价指标 |
|---|---|
| 居住建筑 | 照度、显色指数 |
| 公共建筑 | 照度、照度均匀度、统一眩光值、显色指数 |
| 通用房间或场所 | 照度、照度均匀度、统一眩光值、显色指数 |
| 博物馆建筑 | 照度、照度均匀度、统一眩光值、显色指数、年曝光量 |
| 体育建筑 | 建筑类别 |

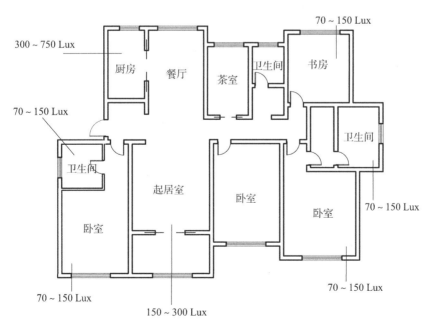

7.1.4　图示

室内照明标准 单位（Lux）

物应根据使用功能和室内环境要求设置与室外空气直接流通的外窗或洞口；当不能设置外窗和洞口时，应另设置通风设施。【图示】

【条文说明】

7.2.1 建筑通风首先是满足室内人员健康的需求。良好的通风可以通过引入新风，带走大部分的室内污染物，改善室内空气质量。

通风的另一个作用是降温。在过渡季节，当室外空气温度适宜时，可以通过建筑的合理空间组合、调整门窗洞口位置、利用建筑构件导风等处理手法，使建筑内部形成良好的穿堂风，带走室内余热，达到降温的目的。

从需求上看，建筑物内各类用房均应有建筑通风。设计时，首先考虑设置与室外空气直接流通的窗口或洞口（即直接自然通风）来满足建筑的通风需求。当受建筑或使用原因限制无法采用直接自然通风时，应设置自然通风道或机械通风等通风设施。通风设施包括通风装置和通风系统。

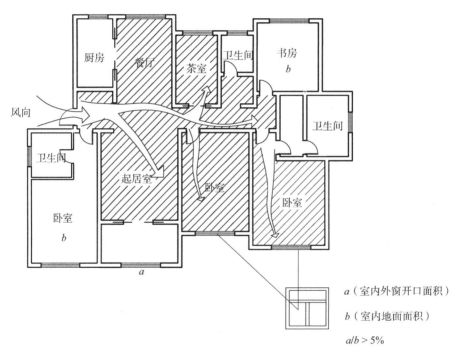

7.2.1 图示

建筑通风

7.2.2 采用直接自然通风的空间，通风开口有效面积应符合下列规定：

1 生活、工作的房间的通风开口有效面积不应小于该房间地面面积的 1/20；【图示 1】【图示 2】

2 厨房的通风开口有效面积不应小于该房间地板面积的 1/10，并不得小于 0.6m²；【图示 3】

3 进出风开口的位置应避免设在通风不良区域，且应避免进出风开口气流短路。【图示 4】

【条文说明】

7.2.2 人员经常生活、休息、工作活动的空间（如居室、厨房、儿童活动室、中小学生教室、学生公寓宿舍、育婴室、养老院、病房等）应采用直接自然通风。本条中规定的通风口面积的最低限值保持了原《通则》的规定。进出风开口的有效面积应进行计算，计算时将开启扇开到最大通风位置，然后计算有效通风面积。

除了保证必需的通风开口面积，良好的通风效果还依赖是否有通风路径。设计中应合理设置进出风口的平面位置、高度等，以利于室内形成良好自然通风流场。

设置在外墙上的悬开窗，其通风开口有效面积按下列要求确定：

1 当开启扇开启角度大于 70° 时，其面积可按窗的面积计算。

2 当开启角度小于 70° 时，其面积可以按照下式计算：

$$FP = d(h+B) \quad (1)$$

式中：$FP$——通风开口有效面积（m²）；

$d$——开启扇顶（或底边）到其关闭位置的距离（m）；

$h$——开启洞口净高（m）；

$B$——开启洞口的净宽（m）。

3 当采用推拉窗时，取开启后的最大通风洞口尺寸。

厨房通往阳台的门，不应计入厨房的通风有效面积。

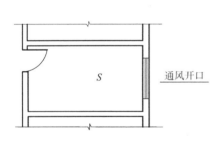

7.2.2 图示1

生活、工作房间平面图

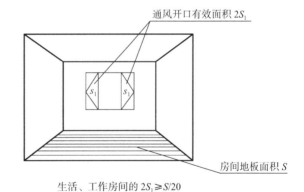

生活、工作房间的 $2S_1 \geq S/20$

7.2.2 图示2

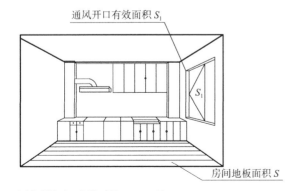

厨房通风开口有效面积 $S_1 \geq S/10$ 且 $\geq 0.6m^2$

7.2.2 图示3

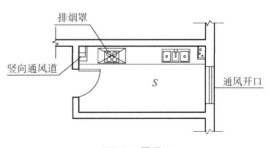

7.2.2 图示4

厨房平面图

7.2.3 严寒地区居住建筑中的厨房、厕所、卫生间应设自然通风道或通风换气设施。【图示】

7.2.4 厨房、卫生间的门的下方应设进风固定百叶或留进风缝隙。【图示】

7.2.5 自然通风道或通风换气装置的位置不应设于门附近。【图示】

【条文说明】

7.2.3 严寒地区的建筑冬季均需采暖。采暖期间建筑物各用房的外窗、外门都要关闭。一方面是冬季室内污染相当严重，另一方面又不能开窗换气造成热量损失。因此，要求严寒地区的居住用房，厨房、卫生间应设置竖向或水平向自然通风道或通风换气设施（如窗式通风装置等）。

7.2.4 厨房、卫生间门的下方常设有效面积不小于 $0.02m^2$ 的进风固定百叶或留有距地 15mm 高的进风缝是为了组织进风，促进室内空气循环。

7.2.5 利用门做进风口，自然通风道和通风换气装置宜远离门设置，尽量减少通风不良区域，保证室内换气效果。

7.2.6 无外窗的浴室、厕所、卫生间应设机械通风换气设施。【图示】

7.2.7 建筑内的公共卫生间宜设置机械排风系统。【图示】

【条文说明】

7.2.6 为了避免浴室、厕所、卫生间中的污浊空气影响周围房间的空气质量，无外窗的浴室、卫生间等房间应设置机械通风换气设施，且门的下方应设进风固定百叶或留进风缝隙。

7.2.7 本条为新增条文。公共卫生间人流量大、使用频率高，仅依靠外窗通风往往难以达到要求。在自然通风条件下，很难保证公共卫生间相对于其他公共区域处于负压状况，容易对周边公共区域的空气产生污染。因此，在有条件时宜设置机械排风系统，以保证公共卫生间及周边区域的空气品质。

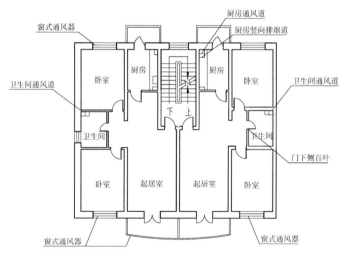

7.2.3-7.2.5 图示

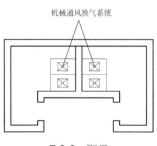

7.2.6 图示

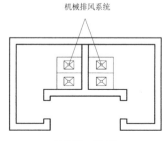

7.2.7 图示

## 7.3 热湿环境

**7.3.1** 需要夏季防热的建筑物应符合下列规定:【图示】

　　**1** 建筑外围护结构的夏季隔热设计,应符合现行国家标准《民用建筑热工设计规范》GB 50176 和国家现行相关节能标准的规定;

　　**2** 应采取绿化环境、组织有效自然通风、外围护结构隔热和设置建筑遮阳等综合措施;

　　**3** 建筑物的东、西向窗户及采光顶应采取有效的遮阳措施,且采光顶宜能通风散热。

**【条文说明】**

**7.3.1** 建筑的夏季防热应实施综合防治,这里主要指以下几方面:

　　通过绿化、水体等改善室外的热湿环境。建筑绿化是行之有效的防热措施,可以在建筑物的东、西向墙面种植可攀爬的植物,通过竖向绿化吸热减少太阳辐射热传入室内。也可以在建筑物的屋顶上种植绿化,设置棚架廊亭,建水池、喷泉等以降温、调节小气候。

　　屋面及东、西墙面是太阳辐射强度最高的表面,遮阳更加重要,所以必须采取遮阳措施。在建筑受太阳辐射作用的主要朝向设置遮阳装置。遮阳装置优先采用活动外遮阳;当选用固定建筑遮阳时,东、西向外窗应设置组合遮阳。采光顶是透光的屋顶,采光顶往往高于其他屋面,热气容易聚集,在采光顶或其周边设置通风设施,可高效地排除室内热量,利于组织自然通风。

　　建筑的屋顶和东、西墙隔热必须满足现行国家标准《民用建筑热工设计规范》GB 50176 的要求;宜采用绿化屋面或反射隔热屋面进行屋面隔热,东、西墙宜采用反射隔热墙体。

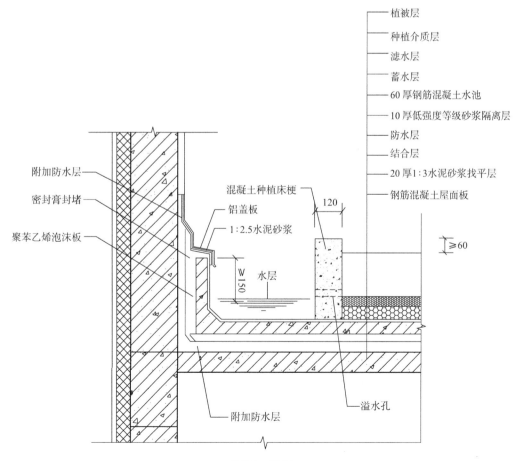

7.3.1　图示

蓄水种植隔热屋面构造

7.3.2 设置空气调节的建筑物应符合下列规定：
    1 设置集中空气调节系统的房间应相对集中布置；
    2 空气调节房间的外窗应有良好的气密性。

【条文说明】

7.3.2 设置空气调节的建筑物除了满足夏季建筑防热的一般性规定外，结合空调设置的情况，设计时尚应遵守本条的相关规定。

设置集中空气调节系统的房间宜集中布置，有利于空调系统管路的布置，保证空调系统的高效性。加强空调房间外窗的气密性可以减少由于空气渗透造成的热交换，降低空调负荷。

7.3.3 需要冬季保温的建筑应符合下列规定：
    1 建筑物宜布置在向阳、日照遮挡少、避风的地段；
    2 严寒及寒冷地区的建筑物应降低体形系数、减少外表面积；【图示1】
    3 围护结构应采取保温措施，保温设计应符合现行国家标准《民用建筑热工设计规范》GB 50176 和国家现行相关节能标准的规定；
    4 严寒及寒冷地区的建筑物不应设置开敞的楼梯间和外廊；严寒地区出入口应设门斗或采取其他防寒措施，寒冷地区出入口宜设门斗或采取其他防寒措施。【图示2】

【条文说明】

7.3.3 本条规定了有冬季保温要求的建筑在设计时应当遵守的原则。条文对建筑布局、体形、建筑构造设计等对保温影响较大的主要方面进行了规定。

建筑围护结构的外表面积越大，其散热面积越大。建筑物体形集中紧凑，平立面凹凸变化少、平整规则有利于减少外表散热面积。相关节能设计标准中，对不同气候区、不同类型建筑的体形系数都有明确的规定，设计时应当严格遵守。

目前，围护结构的热工设计指标主要受现行国家标准《民用建筑热工设计规范》GB 50176 和相关建筑节能设计标准的控制，两者的侧重点略有不同。设计时应按照不同的建筑室内热环境需求，结合两种不同标准的要求综合考虑。

非严寒地区　　　　　　　　　　　　　　　严寒地区

7.3.3 图示1

严寒地区建筑体型系数变化

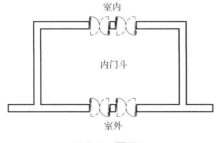

7.3.3 图示2

严寒地区门斗

**7.3.4 冬季日照时数多的地区，建筑宜设置被动式太阳能利用措施。【图示】**

【条文说明】

7.3.4 本条为新增条文。我国太阳能资源丰富。对于太阳辐射量大、冬季室外温度较高的地区，通过合理的建筑设计，充分利于太阳能可改善冬季室内热环境、降低能耗、减少排放、降低污染。在甘肃、青海等太阳能富集地区，阳光间在居住建筑中已得到普遍应用，效果良好。

**7.3.5 夏热冬冷地区的长江中、下游地区和夏热冬暖地区建筑的室内地面应采取防泛潮措施。**
**7.3.6 供暖建筑应按照现行国家标准《民用建筑热工设计规范》GB 50176 采取建筑物防潮措施。**

【条文说明】

7.3.5 本条为新增条文。长江中下游和东南沿海地区初春季节，由于热带气团的运动，湿热空气自海面吹向大陆。当湿热空气进入室内接触到室内地面时，易产生返潮现象。潮湿地区的建筑受潮虽然与供暖建筑冬季结露不同，但存在同样的破坏，必须得到重视。应采取措施减少这一现象的发生。

卧室、起居室等人员经常活动的场所需要使用密封性好的门窗。室内装修应使用易于清洁的装饰材料或涂料。应配置发霉后易清洁的电器，必要时设计除湿设备。

采用有一定保温作用的轻质面层材料，让墙面、地面不易产生凝结水是简单易行的方法。另外，干燥而表面带有微孔的耐磨材料（如陶土的防潮砖、烧结砖）、较粗糙的素混凝土表面都有一定的吸湿能力，能将潮气吸入地面面层暂存，当气温回升、气候干燥时，又逐渐蒸发而重返大气，达到"潮而不显"的目的。

对于走廊、楼梯间、卫生间等，由于无法关闭，应采用易于清洁的面层材料。即使这些地方结露、发霉，也很容易清洗。如采用瓷砖、塑料、金属板等。

采用首层架空的建筑设计形式也是一种有效的防泛潮方式。

7.3.6 当建筑围护结构的温度低于空气露点温度时，水蒸气析出形成液态水。一方面，受潮的建筑在冻融循环的作用下易于破坏；另一方面，潮湿为细菌提供了滋生的环境，霉变破坏粉刷层，影响美观和健康。

供暖建筑冬季防潮设计包括围护结构内部冷凝和内表面结露两个方面，应当根据现行国家标准《民用建筑热工设计规范》GB 50176 中的相关规定进行验算。

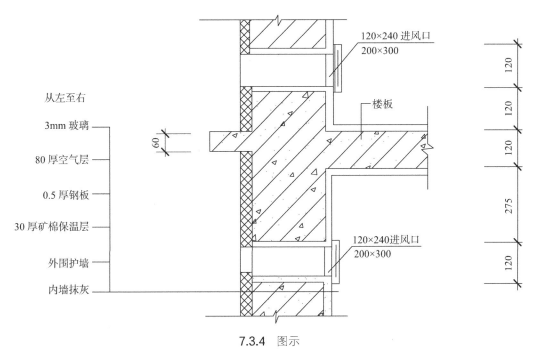

7.3.4 图示

被动式太阳房墙体构造 单位（mm）

## 7.4 声环境

**7.4.1** 民用建筑各类主要功能房间的室内允许噪声级、围护结构（外墙、隔墙、楼板和门窗）的空气声隔声标准以及楼板的撞击声隔声标准，应符合现行国家标准《民用建筑隔声设计规范》GB 50118 的规定。

【条文说明】

**7.4.1** 本条根据现行国家标准《民用建筑隔声设计规范》GB 50118 制定。该标准中，对住宅建筑、学校建筑、医院建筑、旅馆建筑、办公建筑、商业建筑主要房间的室内允许噪声级、空气声隔声标准及撞击声隔声标准作了规定。对于其他类型民用建筑主要房间的室内运行噪声级、空气声隔声标准及撞击声隔声标准，可根据使用功能，参考现行国家标准《民用建筑隔声设计规范》GB 50118 中类似的房间进行设计。住宅建筑中允许噪声级低限要求和空气声隔声标准低限要求，为现行国家标准《民用建筑隔声设计规范》GB 50118 中的强制性条文，应严格执行。

住宅建筑室内允许噪声级应满足表 7.4.1（1）的要求。

**住宅建筑室内允许噪声级**　　　　　　表7.4.1（1）

| 房间名称 | 允许噪声级（A级声，dB） | |
| --- | --- | --- |
| | 昼间 | 夜间 |
| 卧室 | ≤ 45 | ≤ 37 |
| 起居室（厅） | ≤ 45 | |

住宅建筑空气声隔声标准应满足表 7.4.1（2）的要求。

**住宅建筑空气声隔声标准**　　　　　　表7.4.1（2）

| 构件名称 | 空气隔声单值+频谱修正量（dB） | |
| --- | --- | --- |
| 分户墙、分户楼板 | 计权隔声量 + 粉红噪声频谱修正量 $R_w + C$ | > 45 |
| 分隔住宅和非居住空间的楼板 | 计权隔声量 + 交通噪声频谱修正量 $R_w + C_{tr}$ | > 51 |
| 交通干线两侧卧室、起居室（厅）的窗 | 计权隔声量 + 交通噪声频谱修正量 $R_w + C_{tr}$ | ≥ 30 |
| 其他窗 | 计权隔声量 + 交通噪声频谱修正量 $R_w + C_{tr}$ | ≥ 25 |

**7.4.2 民用建筑的隔声减噪设计应符合下列规定：**

1 民用建筑隔声减噪设计，应根据建筑室外环境噪声状况、建筑物内部噪声源分布状况及室内允许噪声级的需求，确定其防噪措施和设计其相应隔声性能的建筑围护结构。

2 不宜将有噪声和振动的设备用房设在噪声敏感房间的直接上、下层或贴邻布置；当其设在同一楼层时，应分区布置。

3 当安静要求较高的房间内设置吊顶时，应将隔墙砌至梁、板底面。当采用轻质隔墙时，其隔声性能应符合国家现行有关隔声标准的规定。

4 墙上的施工留洞或剪力墙抗震设计所开洞口的封堵，应采用满足对应隔声要求的材料和构造。【图示1～图示4】

5 电梯井道和机房不宜与有安静要求的用房贴邻布置，否则应采取隔振、隔声措施。

6 高层建筑的外门窗、外遮阳构件等应采取有效措施防止风啸声的发生。

**【条文说明】**

7.4.2 本条对民用建筑中关键部位的隔声减噪设计作出了规定，但在具体设计时尚应按现行国家标准《民用建筑隔声设计规范》GB 50118及单项建筑设计标准中有关规定执行。

本条第1款旨在提醒，并不是围护结构的隔声性能满足相关标准要求后，室内噪声级就必然满足要求。在高噪声环境下，即使围护结构的隔声性能满足相关标准要求，由于室外噪声太高，可能出现室内噪声仍达不到标准要求的情况。这种情况下，应根据室外环境噪声状况及室内允许噪声级的需求，确定其防噪措施和设计其相应隔声性能的建筑围护结构，而不是机械地照搬标准中的隔声标准值。

本条第6款为新增条文。高层、超高层建筑高层风荷载比低层要大很多，若外遮阳构造设计不合理，在高层风压作用下，可能会产生啸叫声；另外，如果高层建筑中的外门窗的气密性不好，在风荷载的压力作用下，气流经过外门窗时也会发出啸叫声。解决这种风啸声的主要措施有：提高外门窗的气密性和结构强度，提高外遮阳设施的结构强度，外门窗、外遮阳高速气流边缘尽量按空气动力学要求进行设计。

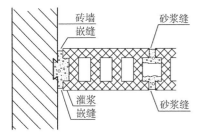

7.4.2 图示1
墙体隔声

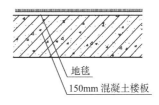

7.4.2 图示2
楼板隔声

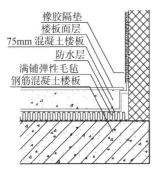

7.4.2 图示3
楼板隔声

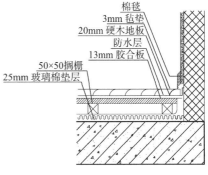

7.4.2 图示4
楼板隔声

**7.4.3** 民用建筑内的建筑设备隔振降噪设计应符合下列规定:【图示】

1 民用建筑内产生噪声与振动的建筑设备宜选用低噪声产品,且应设置在对噪声敏感房间干扰较小的位置。当产生噪声与振动的建筑设备可能对噪声敏感房间产生噪声干扰时,应采取有效的隔振、隔声措施。

2 与产生噪声与振动的建筑设备相连接的各类管道应采取软管连接、设置弹性支吊架等措施控制振动和固体噪声沿管道传播。并应采取控制流速、设置消声器等综合措施降低随管道传播的机械辐射噪声和气流再生噪声。

3 当各类管道穿越噪声敏感房间的墙体和楼板时,孔洞周边应采取密封隔声措施;当在噪声敏感房间内的墙体上设置嵌入墙内对墙体隔声性能有显著降低的配套构件时,不得背对背布置,应相互错开位置,并应对所开的洞(槽)采取有效的隔声封堵措施。

**7.4.4** 柴油发电机房应采取机组消声及机房隔声综合治理措施。冷冻机房、换热站泵房、水泵房应有隔振防噪措施。

**【条文说明】**

7.4.3 本条为新增条文。对民用建筑内建筑设备的隔振降噪设计作出了规定,主要是从产生噪声房间的位置布置、低噪声低振动设备选取、设备的隔振、管道隔振隔声、消声处理等各方面着手,降低噪声和振动在建筑内传播,保证噪声敏感房间内的声环境。相比空气声隔声,设备、管道等引起的振动和固体传声更难处理,因此将设备房间远离噪声敏感建筑及噪声敏感房间是最有效的措施。在受条件限制无法做到设备房间远离的情况下,应采取充分而仔细的隔振隔声措施,不要因为百密而一疏,导致所有隔振隔声措施前功尽弃。

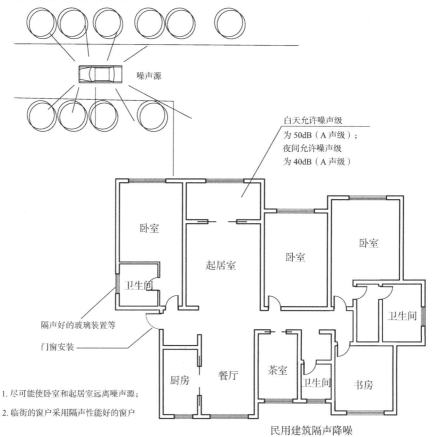

7.4.3 图示

**7.4.5** 音乐厅、剧院、电影院、多用途厅堂、体育场馆、航站楼及各类交通客运站等有特殊声学要求的重要建筑，宜根据功能定位和使用要求，进行建筑声学和扩声系统专项设计。

**7.4.6** 人员密集的室内场所，应进行减噪设计。【图示1～图示4】

**【条文说明】**

**7.4.5** 本条为新增条文。民用建筑中，有许多对声环境的要求更高的建筑类型，如音乐厅、剧院、电影院、多用途厅堂、体育场馆、火车站、航站楼等，这类建筑不仅对室内允许噪声级、空气声隔声标准及撞击声隔声标准有更为严格的要求，而且对室内音质有着更高、不同类型的要求。如以语言声为主的厅堂更加关注的是语言清晰度，以音乐演出为主的音乐厅更加关注的是声音的丰满度、明晰度及空间感等。为了满足上述音质要求，这类建筑要根据现行国家标准《剧场、电影院和多用途厅堂建筑声学技术规范》GB/T 50356进行建筑声学专项设计。

由于自然声源（如乐器演奏、演唱）发出的声能量十分有限，而有些类型的建筑如剧院、电影院、多用途厅堂、体育场馆、火车站、航站楼等，由于其室内空间很大，为了保证这些建筑内的受众能准确听到其想要听到的声音，需要在大空间内使用电声技术来扩声，将声源信号放大，提高听众区的声压级。扩声系统是一项系统工程，涉及多种学科，以及与其他系统的配合和协调，需要进行专项扩声系统设计。扩声系统要根据现行国家标准《厅堂扩声系统设计规范》GB 50371等相关标准进行设计。

**7.4.6** 现行国家标准《民用建筑隔声设计规范》GB 50118对几类公共建筑有隔声、吸声、减噪的做法与要求。随着建筑空间的加大，室内音质缺陷将更加突出。对于人员密集的大型公共空间和公共通道，人的走动及相互间的交流形成人为噪声。大空间的顶棚与地面之间，或者两个平行侧墙之间可能形成多重回声。应在界面设置以及界面材料选择方面（选择吸声材料）等进行声学设计，避免音质缺陷。

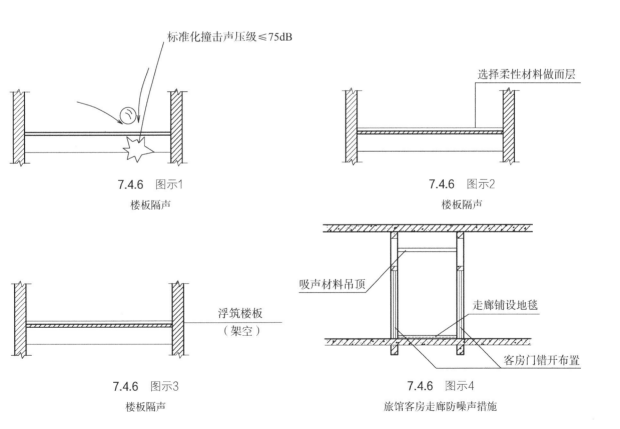

7.4.6 图示1
楼板隔声

7.4.6 图示2
楼板隔声

7.4.6 图示3
楼板隔声

7.4.6 图示4
旅馆客房走廊防噪声措施

# 8 建筑设备

【条文说明】

8.1.1 1 我国水资源并不富有，有些地区严重缺水，所以从可持续发展的战略目标出发，必须采取一切有效措施节约用水。卫生器具和水嘴应采用符合现行行业标准《节水型生活用水器具》CJ/T 164 和现行国家标准《节水型产品通用技术条件》GB/T 18870 的卫生器具和配件。公共场所卫生间的洗手盆宜采用感应式水嘴或自闭式水嘴等限流节水装置。小便器宜采用感应式或延时自闭式冲洗阀。从卫生防疫角度出发，为防止公共场所的交叉感染，公共厕所、公共场所卫生间推荐采用脚踏式和感应式等非接触类冲洗阀大便器及脚踏式和感应式等非接触类水嘴。

2 建筑物的引入管、住宅的入户管及公共建筑物内需计量水量的水管上均应设置水表。住宅的分户水表宜相对集中设置且宜设置于户外水表箱（公共管道井）或专用水表间内，或采用 IC 卡式水表或远传水表。分户水表是否设置于户外，视当地自来水公司要求确定，如当地自来水公司规定户内不得采用远传水表或 IC 卡等智能化水表时，应在户外等公共区域设置水表箱（公共管道井）或水表间。

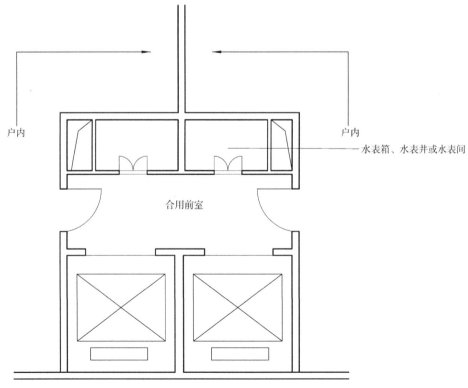

8.1.1 图示

公共区域外设水表间示意图

8.1.2 生活饮用水水池（箱）、供水泵房等设置应符合下列规定：

1 建筑物内的生活饮用水水池（箱）体应采用独立结构形式，不得利用建筑物的本体结构作为水池（箱）的壁板、底板及顶盖；与其他用水水池（箱）并列设置时，应有各自独立的分隔墙。【图示1】【图示2】

2 埋地生活饮用水贮水池周围10.0m以内，不得有化粪池、污水处理构筑物、渗水井、垃圾堆放点等污染源，周围2.0m以内不得有污水管和污染物；【图示3～图示6】

3 生活饮用水水池（箱）的材质、衬砌材料和内壁涂料不得影响水质；【图示1】

4 建筑物内的生活饮用水水池（箱）宜设在专用房间内，其直接上层不应有厕所、浴室、盥洗室、厨房、厨房废水收集处理间、污水处理机房、污水泵房、洗衣房、垃圾间及其他产生污染源的房间，且不应与上述房间相毗邻；【图示7】

5 泵房内地面应设防水层；【图示8】

6 生活给水泵房内的环境应满足国家现行有关卫生标准的要求。【图示8】

【条文说明】

8.1.2 第1款～第4款根据工程设计中存在的问题，从安全和卫生方面考虑，提出此要求。

第6款为新增条文，主要针对卫生防疫部门对生活给水泵房内的卫生要求提出的。集水坑不应设在生活给水泵房内，且不应与生活污水、污水处理站等共用集水坑。生活给水泵房内的地面及基础应贴地砖，墙面和顶面应采用涂刷无毒防水涂料等措施。

07S906给水排水构筑物设计选用图（水池、水塔、化粪池、小型排水构筑物）：

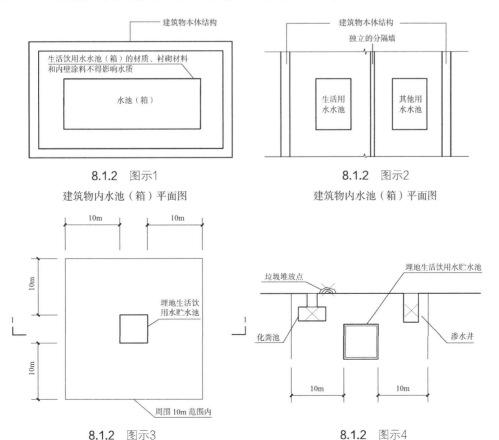

8.1.2 图示1
建筑物内水池（箱）平面图

8.1.2 图示2
建筑物内水池（箱）平面图

8.1.2 图示3
埋地生活饮用水贮水池周边平面图

8.1.2 图示4
埋地生活饮用水贮水池周边1-1剖面图

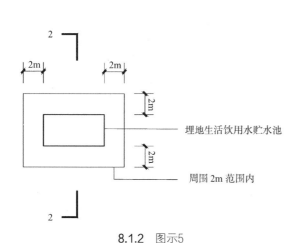

8.1.2 图示5

埋地生活饮用水贮水池周边平面图

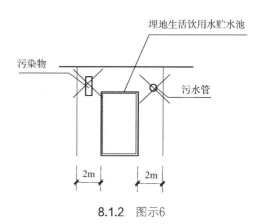

8.1.2 图示6

埋地生活饮用水贮水池周边 2-2 剖面图

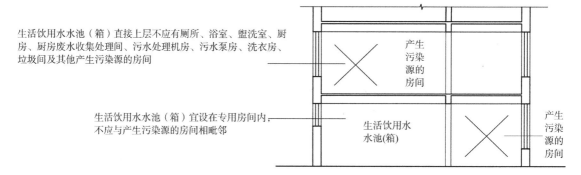

生活饮用水水池（箱）直接上层不应有厕所、浴室、盥洗室、厨房、厨房废水收集处理间、污水处理机房、污水泵房、洗衣房、垃圾间及其他产生污染源的房间

生活饮用水水池（箱）宜设在专用房间内，不应与产生污染源的房间相毗邻

8.1.2 图示7

生活饮用水水池（箱）周边用房布置示意图

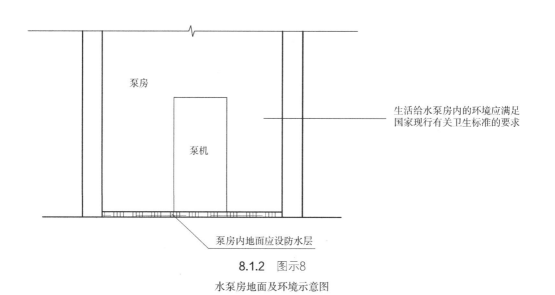

8.1.2 图示8

水泵房地面及环境示意图

**8.1.3** 生活热水的热源应遵循国家或地方有关规定利用太阳能，新建建筑太阳能集热器的设置必须与建筑设计一体化。【图示1】【图示2】

**【条文说明】**

8.1.3 本条为新增加条文。可再生能源利用是节能减排的国策之一，本条对设置太阳能热水系统作出规定，考虑到太阳能集热器及其附属构件对结构楼板等的承载力的影响及对建筑立面的影响，规定太阳能集热器的设置必须与建筑设计与施工同步进行。

15S128 太阳能集中热水系统选用与安装
08S126 热水器选用及安装
06K503 太阳能集热系统设计与安装

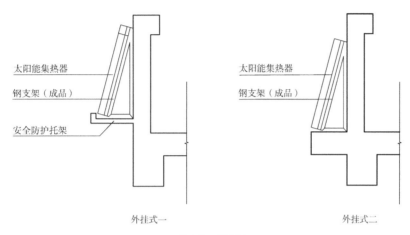

8.1.3 　图示1

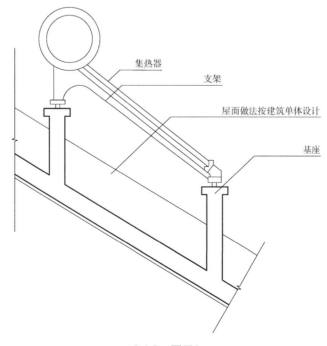

8.1.3 　图示2
一体式太阳能热水器

8.1.4 当采用同层排水时，卫生间的地坪和结构楼板均应采取可靠的防水措施。【图示】

【条文说明】

8.1.4 同层排水的排水管道敷设在建筑地坪以上的夹墙内或结构板以上的垫层内，为防止埋设在垫层内的排水管渗漏，危及下层住户，除建筑完成面要防水外，还要在结构板面做好防水。

19S306 居住建筑卫生间同层排水系统安装

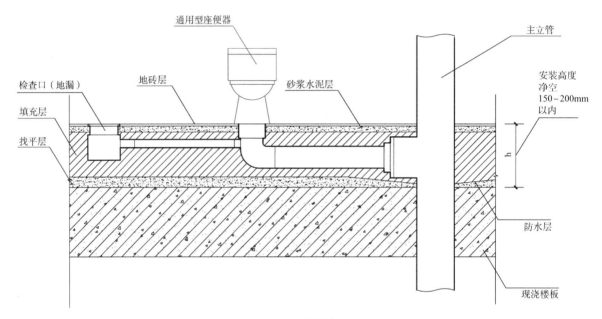

8.1.4 图示1

8.1.5 给水排水管道敷设应符合下列规定：

1 给水排水管道不应穿过变配电房、电梯机房、智能化系统机房、音像库房等遇水会损坏设备和引发事故的房间，以及博物馆类建筑的藏品库房、档案馆类建筑的档案库区、图书馆类建筑的书库等；并应避免在生产设备、遇水会引起爆炸燃烧的原料和产品、配电柜上方通过；【图示】

2 排水横管不得穿越食品、药品及其原料的加工及贮藏部位，并不得穿越生活饮用水水池（箱）的正上方；【图示】

3 排水管道不得穿过结构变形缝等部位，当必须穿过时，应采取相应技术措施；

4 排水管道不得穿越客房、病房和住宅的卧室、书房、客厅、餐厅等对卫生、安静有较高要求的房间；【图示】

5 生活饮用水管道严禁穿过毒物污染区。当通过有腐蚀性区域时，应采取安全防护措施。

【条文说明】

8.1.5 给水排水管道包括给水、排水以及消防给水的各系统管道。

1 为了保证供电安全,避免因管道漏水而影响变配电设备的正常运行。同时,档案室等有严格防水要求的房间,为保存档案和珍贵的资料不被水浸渍,也必须这样做。其根据行业标准《博物馆建筑设计规范》JGJ 66-2015 第 10.2.6 条,藏品库房、藏品技术用房、图书资料库和展厅的屋面应采用外排水系统,雨水斗、悬吊管等均不应敷设在上述房间内;行业标准《档案馆建筑设计规范》JGJ 25-2010 第 7.1.2 条,档案库区内不应设置除消防以外的给水点,且其他给水排水管道不应穿越档案库区。行业标准《图书馆建筑设计规范》JGJ 38-2015 第 8.1.2 条,给水排水管道不应穿过书库,生活污水立管不应安装在与书库相邻的内墙上。本款不含为这些房间服务的消防管道。

2 为了确保饮食卫生,提出本款要求,防止发生由于管道漏水、结露滴水而污染食品和饮用水水质的事故。另外,设在这些部位的管道也较难维护、检修。

4 减少噪声污染是为了提高人民的生活质量,给人们创造一个良好的生活环境。

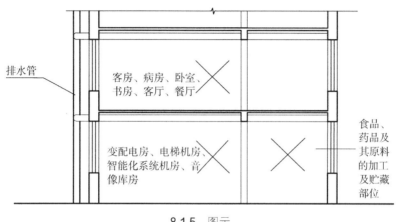

8.1.5 图示

一体式太阳能热水器

8.1.6 化粪池距离地下取水构筑物不得小于 30.0m。化粪池池外壁距建筑物外墙不宜小于 5.0m,并不得影响建筑物基础。【图示】

07S906 给水排水构筑物设计选用图(水池、水塔、化粪池、小型排水构筑物)
08SS703-2 建筑中水处理工程(二)

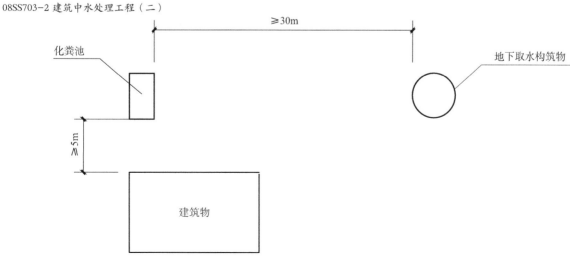

8.1.6 图示

**8.1.7** 污水处理站、中水处理站的设置应符合下列规定：

1 建筑小区污水处理站、中水处理站宜布置在基地主导风向的下风向处，且宜在地下独立设置。以生活污水为原水的地面处理站与公共建筑和住宅的距离不宜小于 15.0m。【图示 1】

2 建筑物内的中水处理站宜设在建筑物的最底层，建筑群（组团）的中水处理站宜设在其中心位置建筑的地下室或裙房内。【图示 2】【图示 3】

08SS703-2 建筑中水处理工程（二）
17S705 海绵型建筑与小区雨水控制及利用

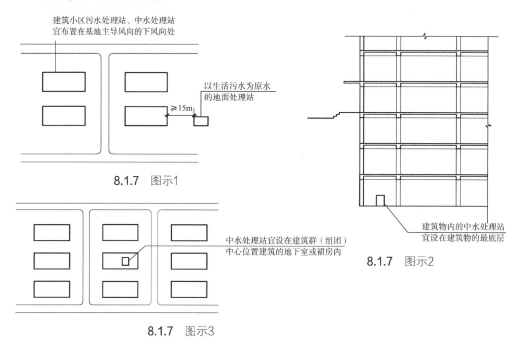

8.1.7 图示1

8.1.7 图示2

8.1.7 图示3

**8.1.8** 室内消火栓应设置在明显易于取用及便于火灾扑救的位置。消火栓箱暗装在防火墙或承重墙上时，应采取不能减弱本墙体耐火等级的技术措施。【图示】

15S909《消防给水及消火栓系统技术规范》图示

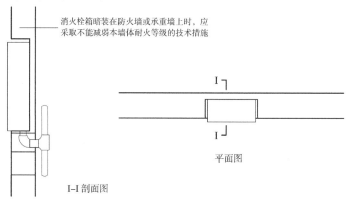

I-I 剖面图

平面图

8.1.8 图示
室内消火栓箱暗装固定图

**8.1.9** 消防水池的设计应符合下列规定:

1 消防水池可室外埋地设置、露天设置或在建筑内设置,并靠近消防泵房或与泵房同一房间,且池底标高应高于或等于消防泵房的地面标高;【图示1】

2 消防用水等非生活饮用水水池的池体宜根据结构要求与建筑物本体结构脱开,采用独立结构形式。钢筋混凝土水池,其池壁、底板及顶板应做防水处理,且内表面应光滑易于清洗。【图示1】【图示2】

**【条文说明】**

8.1.9 2 新增加关于"消防用水等非生活饮用水水池"的条文规定:是基于非生活饮用水水池的池体如直接利用结构体系作为池体,在实际工程中存在受结构变形影响而开裂渗水,又对主体结构造成安全隐患的问题。本条不作为强制要求,是考虑到建筑结构的安全等级的不同。

15S909《消防给水及消火栓系统技术规范》图示

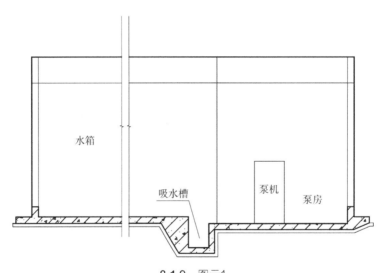

8.1.9 图示1

消防泵站给水立面图

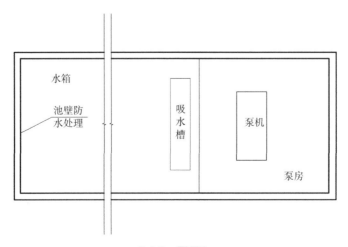

8.1.9 图示2

消防泵站给水平面图

8.1.10 消防水泵房设置应符合下列规定:

　　1 不应设置在地下 3 层及以下,或室内地面与室外出入口地坪高差大于 10.0m 的地下楼层;【图示 1】

　　2 消防水泵房应采取防水淹的技术措施;

　　3 疏散门应直通室外或安全出口。【图示 2】

15S909《消防给水及消火栓系统技术规范》图示
18CS01 装配式箱泵一体化消防给水泵站选用及安装　—MX 智慧型泵站

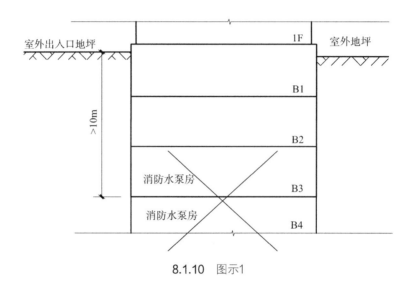

8.1.10　图示1

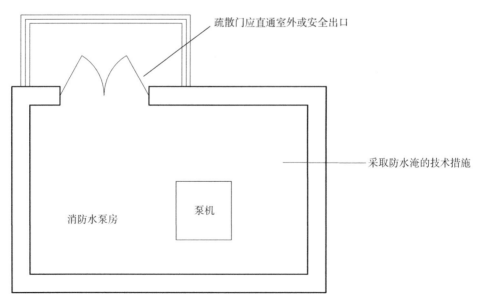

8.1.10　图示2

8.1.11    高位消防水箱设置应符合下列规定：
  1    水箱最低有效水位应高于其所服务的水灭火设施；【图示1】【图示2】
  2    严寒和寒冷地区的消防水箱应设在房间内，且应保证其不冻结。【图示3】

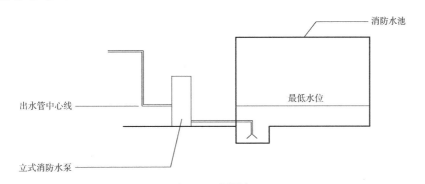

8.1.11    图示1

立式消防水泵吸水示意图

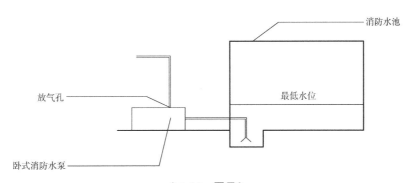

8.1.11    图示2

卧式消防水泵吸水示意图

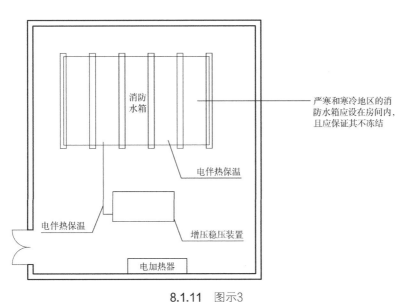

8.1.11    图示3

高位防水消房间防冻措施示意图

8.1.12 设置气体灭火系统的房间应符合下列规定：

　　1　围护结构及门窗的耐火极限不宜低于0.5h，吊顶的耐火极限不宜低于0.25h；【图示1】【图示2】

　　2　围护结构及门窗的允许压强不宜小于1.2kPa；【图示1】

　　3　围护结构上应设置泄压口，泄压口应开向室外或公共走道，泄压口下沿应位于房间净高2/3以上的位置，泄压口面积应经计算确定；【图示1】

　　4　门应向疏散方向开启，并应能自动关闭。【图示1】

【条文说明】

　　8.1.12　3　气体灭火剂喷入防护区内，会显著增加防护区的内压。设置泄压口，是防止防护区的围护结构将可能承受不起增长的压力而遭破坏。防护区位于建筑外墙的，泄压口就应该设在外墙上；否则，可考虑设在与走廊相隔的内墙上。泄压口面积由相关专业提供。

　　4　防护区内需达到一定的气体灭火剂浓度才能快速灭火，要求门窗在喷放灭火剂时处于关闭状态。门可采用闭门器实现，窗可由电气联动实现。

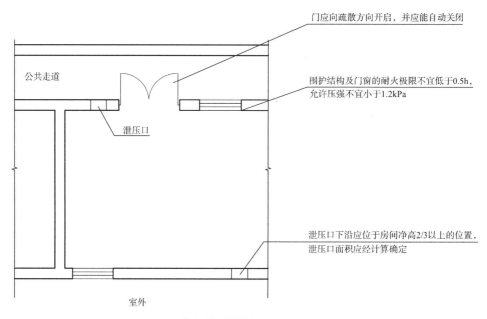

8.1.12　图示1

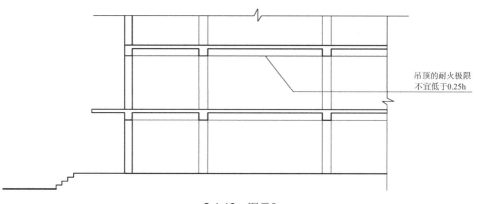

8.1.12　图示2

8.1.13 冷却塔位置的选择应符合下列规定：

　　1 气流宜通畅，湿热空气回流影响小，且应布置在建筑物的最小频率风向的上风侧；

　　2 冷却塔不应布置在热源、废气和烟气排放口附近，不宜布置在高大建筑物中间的狭长地带上；【图示】

　　3 冷却塔与相邻建筑物之间的距离，除满足塔的通风要求外，还应考虑噪声、飘水等对建筑物的影响。

**【条文说明】**

　　8.1.13 2 冷却塔布置在热源、废气和烟气排放口附近时对塔的冷效会有影响，当环境不允许时，应对选用的成品冷却器的热力性能进行校核并应采取相应的技术措施，如提高气水比等；冷却塔与相邻建筑物之间的距离，除满足塔的通风要求外，还应考虑噪声、漂水等对建筑物的影响；冷却塔进风侧离建筑物的距离，宜大于塔进风口高度的2倍；冷却塔的四周除满足通风要求和管道安装位置外，还应留有检修通道；通道净距不宜小于1.0m。

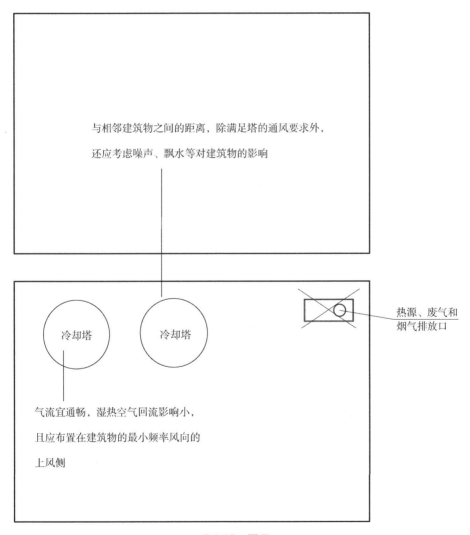

8.1.13　图示

**8.1.14** 燃油（气）热水机组机房的布置应符合下列规定：【图示】

　　**1** 机房宜与其他建筑物分离独立设置。当设在建筑物内时，不应设置在人员密集场所的上、下层或贴邻部位，应布置在靠外墙部位，其疏散门应直通安全出口。在外墙开口部位的上方，应设置宽度不小于 1.0m 的不燃烧体防火挑檐。

　　**2** 机房顶部及墙面应做隔声处理，地面应做防水处理。

【条文说明】

　　8.1.14　燃油（气）热水机组是一种有别于承压锅炉和溴化锂直燃机组的热水制备设备，在任何工况下，机组始终保持常压状态。其安全性高于承压锅炉和溴化锂直燃机组，在现行的"防火规范"中没有针对其设备机房的相关要求，本条参照给水排水专业规程编制。

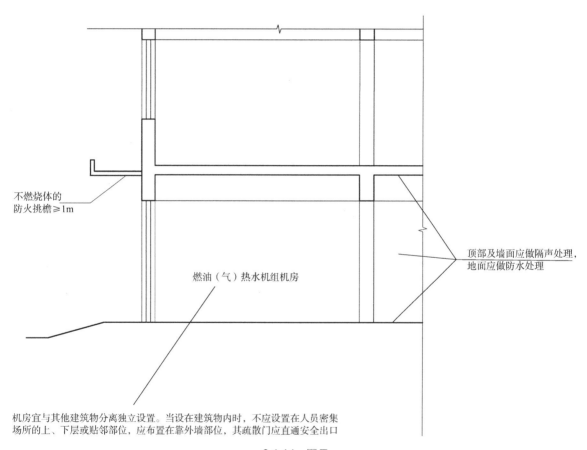

不燃烧体的
防火挑檐≥1m

顶部及墙面应做隔声处理，
地面应做防水处理

燃油（气）热水机组机房

机房宜与其他建筑物分离独立设置。当设在建筑物内时，不应设置在人员密集
场所的上、下层或贴邻部位，应布置在靠外墙部位，其疏散门应直通安全出口

8.1.14　图示

## 8.2 暖通空调

**8.2.1** 设有供暖系统的民用建筑应符合下列规定：

1  应按城市热力规划、气候、建筑功能要求确定供暖热源、系统和运行方式；

2  独立设置的区域锅炉房宜靠近最大负荷区域，应防止燃料运输、存放、噪声、污染物排放等对周边环境的影响；

3  热媒输配管道系统的公共阀门、仪表等，应设在公共空间并可随时进行调节、检修、更换、抄表；

4  室内供暖、室外热力管道用管沟或管廊应在适当位置留出膨胀弯或补偿器空间；当供暖管道穿墙或楼板无法计算管道膨胀量，且没有补偿措施时，洞口应采用柔性封堵；

5  供暖系统的热力入口应设在专用房间内；

6  当室内采用地面埋管供暖系统时，层高应满足地面构造做法的要求。【图示】

**【条文说明】**

**8.2.1**  1  集中供暖的优势与热电联产或供暖锅炉房建设规划、供暖度日数、建筑功能或使用时间等有关。凡有集中供热能力或邻近电力等工业余热的居住建筑，宜鼓励采用集中供暖；间歇使用且无须值班供暖的建筑，采用分户供暖系统更易满足个性需求。值班供暖见现行国家标准《供暖通风与空气调节术语标准》GB/T 50155，指在非工作时间或中断使用的时间内，为使建筑物保持最低室温要求的供暖方式（最低室温要求指防冻要求或舒适要求）。

4  室内供暖、室外热力管道投入使用后，直管段势必产生热膨胀，须根据经验或允许应力计算确定补偿弯或补偿器占用空间，避免管道因热膨胀而损毁或导致事故。由于管道所有分支处均应采用补偿措施，所以室内敷设或管沟、管廊敷设时均应预留足够的空间便于安装自然补偿弯，装有补偿器的位置应预留检修或更换的作业空间。

5  有地下室的建筑，供暖系统的热力入口宜设在地下层的专用隔间；无地下室的建筑，可设在首层楼梯下部便于观察的空间。热力入口见现行国家标准《供暖通风与空气调节术语标准》GB/T 50155，指室外热网与室内用热系统的连接点及其相应的调节、计量装置，宜有专用房间或有门锁的空间。

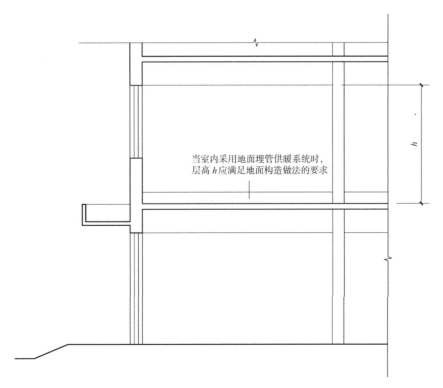

当室内采用地面埋管供暖系统时，层高 $h$ 应满足地面构造做法的要求

8.2.1  图示

设有供暖系统的民用建筑剖面图

**8.2.2 设有机械通风系统的民用建筑应符合下列规定：**

1 新风采集口应设置在室外空气清新、洁净的位置或地点；废气及室外设备的出风口应高于人员经常停留或通行的高度；有毒、有害气体应经处理达标后向室外高空排放；与地下供暖管沟、地下室开敞空间或室外相通的共用通风道底部，应设有防止小动物进入的箅网；【图示1】

2 通风机房、吊装设备及暗装通风管道系统的调节阀、检修口、清扫口应满足运行时操作和检修的要求；

3 贮存易燃易爆物质、有防疫卫生要求及散发有毒有害物质或气体的房间，应单独设置排风系统，并按环保规定处理达标后向室外高空排放；

4 事故排风系统的室外排风口不应布置在人员经常停留或通行的地点以及邻近窗口、天窗、出入口等位置；且排风口与进风口的水平距离不应小于20.0m，否则宜高出6.0m以上；【图示2】

5 除事故风机、消防用风机外，室外露天安装的通风机应避免运行噪声及振动对周边环境的影响，必要时应采取可靠的防护和消声隔振措施；

6 餐饮厨房的排风应处理达标后向室外高空排放。

**【条文说明】**

8.2.2 1 新风采集口不应设在窝风或易被扬尘、尾气、排气等污染的区域；且进风口的下缘距室外绿地不宜小于1m或距地坪不小于2m，高空排放是指排出的废气不应影响到周边行人或相邻建筑；住宅共用排气道底部与供暖管沟、地下室开敞空间或室外相通，且各户排（烟）气软管在排气道内延长1~2m，可防止户间串气、串声。

4 事故排风（emergency ventilation，见现行国家标准《供暖通风与空气调节术语标准》GB/T 50155）是用于排除或稀释房间内突然散发的有害物质、有爆炸危险的气体或蒸气的通风方式。排出的气流不应进入本楼或其他建筑的通风系统。

5 室外露天安装的通风机包括在屋顶或广场、停车场等日常通风的大功率风机。

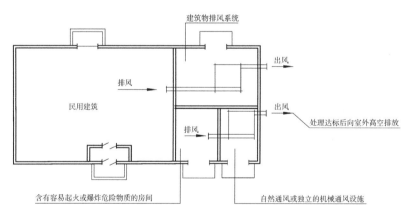

8.2.2 图示1

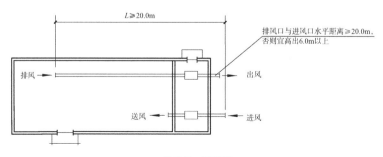

8.2.2 图示2

**8.2.3** 设有空气调节系统的民用建筑应符合下列规定：

1 应按建筑物规模、用途、建设地点的能源条件、结构、价格以及我国节能减排、环保政策等选用空调冷热源、系统及运行方式；

2 层高或吊顶、架空地板高度应满足空调设备及管道的安装、清扫和检修要求；【图示】

3 风冷室外机应设置在通风良好的位置；水冷设备既要通风良好，又要避免飘水对行人或环境的不利影响，靠近外窗时应采取防雾、防噪声干扰等措施；8.1.13【图示1】

4 空调管道的热膨胀、暗装设备检修等应分别符合本标准第8.2.1条、第8.2.2条的相关规定；

5 空调机房应邻近所服务的空调区，机房面积和净高应满足设备、风管安装的要求，并应满足常年清理、检修的要求。

【条文说明】

8.2.3 1 为了以最低的能源消耗获得建筑使用期间较完美的舒适性能，空调系统及其运行方式应尽量符合仅夏季或全年的使用要求。

3 风冷室外机在冬季工况也称空气源热泵；冷却塔等室外水冷设备难免飘水，应尽可能避免飘向行人或周边建筑，使用防冻液的冷却设备，其飘液对行人、周边建筑或绿地的危害更大。

5 空调机及风管的清洗或清扫所需要求可咨询设备工程师或设备供应商。

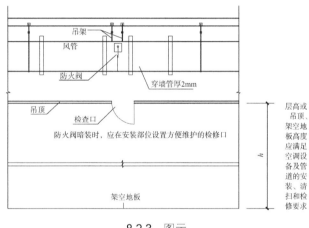

8.2.3 图示

**8.2.4** 既有建筑加装暖通空调设备不得危害结构安全，室外设备不应危及邻居或行人。【图示】

【条文说明】

8.2.4 既有建筑加装暖通空调设备或系统前，涉及吊、挂装设备或结构改造的应由有注册资格的结构工程师予以评估和设计。

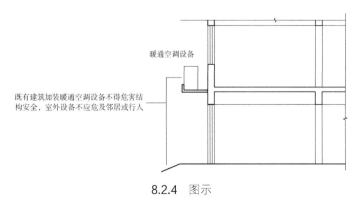

8.2.4 图示

8.2.5　冷热源站房的设置应符合下列规定：【图示】

　　1　应预留大型设备的搬运通道及条件；吊装设施应安装在高度、承载力满足要求的位置；

　　2　主机房宜采用水泥地面，主机基座周边宜设排水明沟；

　　3　设备周围及上部应留有通行及检修空间；

　　4　多台主机联合运行的站房应设置集中控制室，控制室应采用隔声门，锅炉房控制室应采用具有抗爆能力且固定的观察窗。

【条文说明】

8.2.5　设在民用建筑内的制冷机房、水泵房、风机房等也应满足本条要求。

　　1　暖通空调设备种类繁多，主机设备还需定期维修或更换，主机房需预留足够的场地和吊装设施，吊装高度应根据设备高度及允许的吊索夹角确定，此外还需预留通向室外的搬运通道，通道高度应满足可更换设备及搬运装置的需求。

　　2　主机房因检修时可能发生重物垂落或油污遍地等情况，不宜采用地砖等装饰地面，否则应有防滑措施。

　　3　设备周边通行宽度一般不小于400mm，检修空间可咨询设备工程师或供应商。

　　4　民用建筑中的冷热源机房可设集中控制隔间；需人值守时，宜在安全位置设值班室、卫生间等。

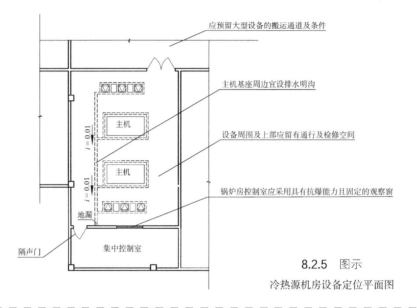

8.2.5　图示

冷热源机房设备定位平面图

8.2.6　燃油（燃气）锅炉或设备用房应设在便于燃料储存及输配、且能与室外保持足够通风量的位置，不应靠近或危及人员密集的空间，且人员逃生、泄爆、排水、排汽等防护措施应符合现行国家标准《锅炉房设计规范》GB 50041 和《建筑设计防火规范》GB 50016 的规定。【图示】

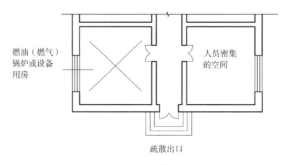

8.2.6　图示

# 8.3　建筑电气

【条文说明】

　　建筑电气包括强电、弱电（智能化）两部分。强电包括：电源、变电所（站）、供配电系统、配电线路布线系统、常用设备电气装置、电气照明、电气控制、防雷与接地等；弱电（智能化）包括：信息设施系统、信息化应用系统、建筑设备管理系统、公共安全系统等。

　　信息设施系统（ITSI）包括通信接入系统、电话交换系统、信息网络系统、综合布线系统、室内移动通信覆盖系统、卫星通信系统、有线电视及卫星电视接收系统、广播系统、会议系统、信息导引及发布系统、时钟系统及其他相关的系统。

　　信息化应用系统（ITAS）包括工作业务应用系统、物业运营管理系统、公共服务管理系统、公众信息服务系统、智能卡应用系统、信息网络安全管理系统及其他业务功能所需要的应用系统。

　　建筑设备管理系统（BMS）是对建筑设备监控系统（BAS）和公共安全系统（PSS）等实施综合管理。

　　公共安全系统（PSS）包括火灾自动报警系统、安全技术防范系统和应急响应系统等。

8.3.1　民用建筑物内设置的变电所应符合下列规定：

　　1　变电所位置的选择应符合下列规定：

　　1）宜接近用电负荷中心；

　　2）应方便进出线；

　　3）应方便设备吊装运输；

　　4）不应在厕所、卫生间、盥洗室、浴室、厨房或其他蓄水、经常积水场所的直接下一层设置，且不宜与上述场所相贴邻，当贴邻设置时应采取防水措施；【图示1】

　　5）变压器室、高压配电室、电容器室，不应在教室、居室的直接上、下层及贴邻处设置；【图示2】当变电所的直接上、下层及贴邻处设置病房、客房、办公室、智能化系统机房时，应采取屏蔽、降噪等措施。【图示3】

　　2　地上高压配电室宜设不能开启的自然采光窗，其窗距室外地坪不宜低于1.8m；地上低压配电室可设能开启的不临街的自然采光通风窗，其窗应按本条第7款做防护措施。【图示4】

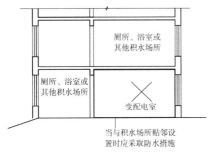

8.3.1　图示1

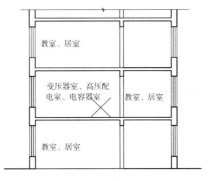

8.3.1　图示2

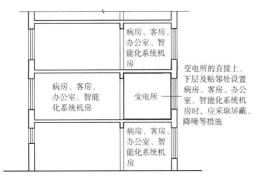

8.3.1　图示3

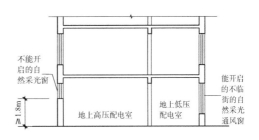

8.3.1　图示4

　　3　变电所宜设在一个防火分区内。当在一个防火分区内设置的变电所，建筑面积不大于200.0m²/时，至少应设置 1 个直接通向疏散走道（安全出口）或室外的疏散门；当建筑面积大于200.0m²/时，至少应设置 2 个直接通向疏散走道（安全出口）或室外的疏散门；当变电所长度大于 60.0m 时，至少应设置 3 个直接通向疏散走道（安全出口）或室外的疏散门。【图示 5】【图示 6】

　　4　当变电所内设置值班室时，值班室应设置直接通向室外或疏散走道（安全出口）的疏散门。【图示 5】

　　5　当变电所设置 2 个及以上疏散门时，疏散门之间的距离不应小于 5.0m，且不应大于40.0m。【图示 5】

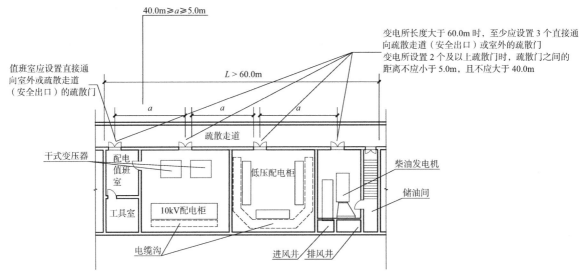

8.3.1　图示5

配变电室平面布置示例

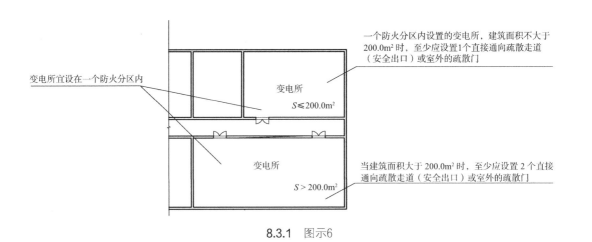

8.3.1　图示6

6 变压器室、配电室、电容器室的出入口门应向外开启。同一个防火分区内的变电所，其内部相通的门应为不燃材料制作的双向弹簧门。当变压器室、配电室、电容器室长度大于7.0m时，至少应设2个出入口门。【图示7】

7 变压器室、配电室、电容器室等应设置防雨雪和小动物从采光窗、通风窗、门、电缆沟等进入室内的设施。【图示7】

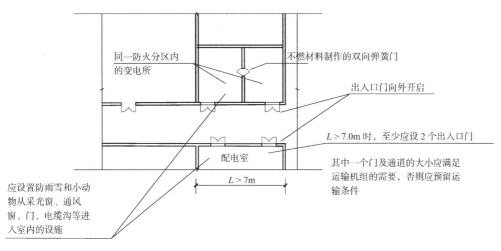

同一防火分区内
的变电所

不燃材料制作的双向弹簧门

出入口门向外开启

L > 7.0m 时，至少应设2个出入口门

配电室

L > 7m

其中一个门及通道的大小应满足
运输机组的需要，否则应预留运
输条件

应设置防雨雪和小动
物从采光窗、通风
窗、门、电缆沟等进
入室内的设施

8.3.1 图示7

8 变电所地面或门槛宜高出所在楼层楼地面不小于0.1m【图示8】。如果设在地下层，其地面或门槛宜高出所在楼层楼地面不小于0.15m【图示9】。变电所的电缆夹层、电缆沟和电缆室应采取防水、排水措施。

【条文说明】

8.3.1 本次标准修订将配电所改为变电所，与现行国家标准《20kV及以下变电所设计规范》GB 50053用词一致。本条根据现行国家标准《20kV及以下变电所设计规范》GB 50053相关内容，重点修订变电所设在民用建筑物内的要求，变电所单独设置在民用建筑物外的要求参见现行国家标准《20kV及以下变电所设计规范》GB 50053等国家现行标准。

变电所根据其规模、设备选型、使用要求等，一般功能用房包括变压器室、高压配电室、低压配电室、电容器室、值班室等。本条中配电装置、配电室和电容器室均包括高压和低压内容。民用建筑物内非充油的配电装置可以和非油浸变压器安装在同一房间内。

1 4）蓄水包括水池、水箱、储水罐，积水包括洪水、雨水、消防水或从其他渠道汇聚的积水。

5）教室、居室包括幼儿园和托儿所的活动室、卧室。

2 装有六氟化硫（SF6）设备的配电室，应在配电室距地300mm左右处设排风口，有利于气体排放。

3 本款根据国家标准《建筑设计防火规范》GB 50016—2014（2018年版）第5.5.15条和《20kV及以下变电所设计规范》GB 50053—2013第6.2.6条做了相应的修改，操作性强，便于设计人员使用。变电所的疏散门不包括值班室的疏散门。

4 有人值班的变电所，根据情况紧急的程度，在不能坚持工作的情况下应能迅速离开现场，所以首先要求有直接通向室外的疏散门，如果设置直通室外的疏散门有困难时，可设置直接通向疏散走道（安全出口）的疏散门，并要求此疏散门距安全出口的距离不宜大于20m。

5 本款根据国家标准《建筑设计防火规范》GB 50016—2014（2018年版）第5.5.2条、第5.5.17条和《20kV及以下变电所设计规范》GB 50053—2013第6.2.6条做了相应的规定，给出了2个疏散门之间的距离要求。

6 变压器室、配电室、电容器室长度大于7m时，至少应设2个出入口门是根据国家标准《20kV及以下变电所设计规范》GB 50053—2013第6.2.6条修改的。此2个出入口是为保障电气操作人员人身安全设置的，可与变电所的疏散门合用。例如当变电所建筑面积不大于200m²，配电室长度大于7m时，疏散门可以只设置1个，配电室的出入口门应设置2个，一个可为疏散门，一个可为内部门。

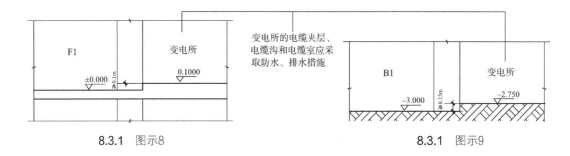

8.3.1　图示8　　　　　　　　　　　　　　8.3.1　图示9

8.3.2　变电所防火门的级别应符合下列规定：

　　1　变电所直接通向疏散走道（安全出口）的疏散门，以及变电所直接通向非变电所区域的门，应为甲级防火门；【图示1】

　　2　变电所直接通向室外的疏散门，应为不低于丙级的防火门。【图示2】

【条文说明】

8.3.2　本条根据现行国家标准《建筑设计防火规范》GB 50016 和《20kV 及以下变电所设计规范》GB 50053 相关内容进行修改。

　　1　根据国家标准《建筑设计防火规范》GB 50016—2014（2018 年版）第 6.2.7 条进行修改。

　　2　根据国家标准《20kV 及以下变电所设计规范》GB 50053—2013 第 6.1.3 条第 6 款进行修改。直接通向室外的出入口门包括二层的变电所开向室外楼梯的出入口门。

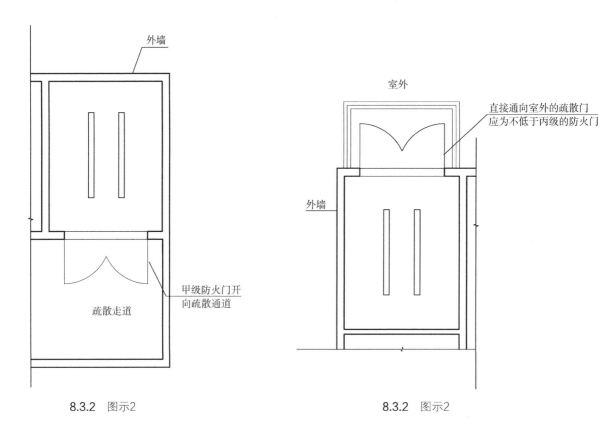

8.3.2　图示2　　　　　　　　　　　　　　8.3.2　图示2

8.3.3 柴油发电机房应符合下列规定：

　　1　柴油发电机房的设置应符合本标准第8.3.1条的规定。

　　2　柴油发电机房宜设有发电机间、控制及配电室、储油间、备件贮藏间等，设计时可根据具体情况对上述房间进行合并或增减。【图示1】

　　3　当发电机间、控制及配电室长度大于7.0m时，至少应设2个出入口门。其中一个门及通道的大小应满足运输机组的需要，否则应预留运输条件。【图示1】

　　4　发电机间的门应向外开启。发电机间与控制及配电室之间的门和观察窗应采取防火措施，门应开向发电机间。【图示1】

　　5　柴油发电机房宜靠近变电所设置，当贴邻变电所设置时，应采用防火墙隔开。【图示2】

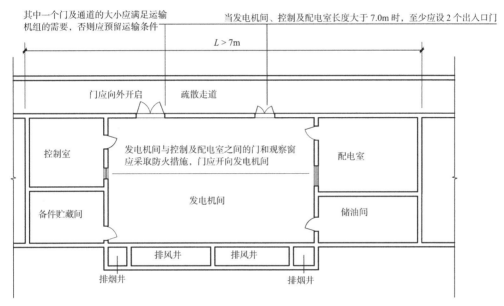

8.3.3　图示1

柴油发电机房平面布置示意图

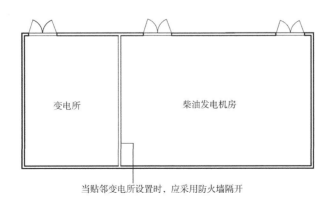

8.3.3　图示2

柴油发电机房贴临变电所平面布置图

6　当柴油发电机房设在地下时，宜贴邻建筑外围护墙体或顶板布置，机房的送、排风管（井）道和排烟管（井）道应直通室外。室外排烟管（井）的口部下缘距地面高度不宜小于2.0m。【图示3】

7　柴油发电机房墙面或管（井）的送风口宜正对发电机进风端。【图示3】

8　建筑物内设或外设储油设施设置应符合现行国家标准《建筑设计防火规范》GB 50016的规定。

9　高压柴油发电机房可与低压柴油发电机房分别设置。

【条文说明】

8.3.3　本条根据现行国家标准《建筑设计防火规范》GB 50016和《20kV及以下变电所设计规范》GB 50053相关内容进行修改。柴油发电机房内各防火门的要求见国家标准《建筑设计防火规范》GB 50016—2014（2018年版）第5.4.13条，本标准不再作规定。

3　发电机间、控制及配电室出入口门的设置要求参照本标准第8.3.1条第6款的要求，便于紧急情况下疏散。发电机间至少有一个出入口和通道满足最大设备的运输要求，如果设置困难，应预留吊装孔。

6　当柴油发电机房布置在地下层时应考虑机房送排风、设备安装及维护更换的条件。

要求柴油发电机房送风口（或通过送风井道）应直通室外，是为了保障在建筑内任何一个区域发生火灾时，作为消防时使用的柴油发电机都能正常运行。当柴油发电机房设于地下层，如果由相邻的车库、车道或者其他防火分区进风，当这些区域发生火灾时，烟气将威胁发电机房；如果采用防火阀隔断，火灾时柴油发电机房将没有进风，无法保证柴油发动机在火灾发生时正常运行。

实际工程中存在将发柴油电机房的送风口设置于车道上的现象，虽然部分地下车库的车道直通室外，并且没有设置防火卷帘，室外空气可以通过车道进入柴油发电机房，但是车道在建筑外墙投影的范围内仍然属于与之相连的车库范围，存在受火灾烟气的影响。因此发电机房送风口应直通室外。

7　当柴油发电机房送风口正对发电机端设置有困难时，可设在发电机两侧。

8　超高层建筑和数据中心需柴油发电机供电的负荷大，建筑物内的储油容量是有限的，室外设置储油罐也有一定的风险和维护成本。当设置的室外储油罐仅用于消防，室内的储油又能满足防火标准，且通过消防部门的论证，可将室外的储油罐改为附近油站供油。

9　高压柴油发电机房与低压柴油发电机房分别设置有利于管理，当分别设置有困难时，应分区设置。

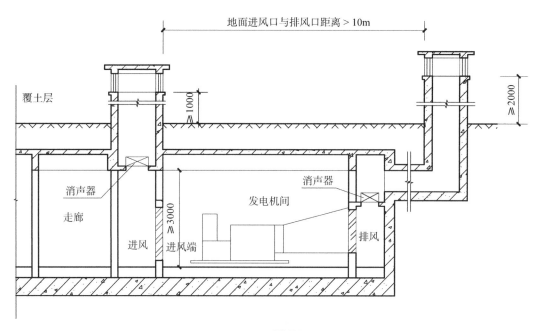

8.3.3　图示3

柴油发电机房示例

8.3.4　智能化系统机房应符合下列规定：

1　机房地面或门槛宜高出本层楼地面不小于0.1m。【图示1】

2　机房宜铺设架空地板、网络地板或地面线槽，宜采用防静电、防尘材料，机房净高不宜小于2.5m。【图示1】

3　机房可单独设置，也可合用设置。当消防控制室与其他控制室合用时，消防设备在室内应占有独立的区域，且相互间不会产生干扰；当安防监控中心与其他控制室合用时，风险等级应得到主管安防部门的确认。【图示2】

4　消防控制室、安防监控中心的设置应符合有关国家现行消防、安防标准的规定。消防控制室、安防监控中心宜设在建筑物的首层或地下一层。【图示2】

【条文说明】

8.3.4　本条在原条文的基础上进行修改调整。智能化系统机房所包括的内容与现行国家标准《智能建筑设计标准》GB 50314一致。建筑设备管理系统一般设在智能化总控室。

重要机房及有特殊要求的设备，应远离强电强磁场所，保证系统正常运行。如果避免不了或达不到技术指标，机房应做屏蔽处理。

4　国家标准《建筑设计防火规范》GB 50016—2014（2018年版）第8.1.7条第4款强制要求消防控制室的疏散门应直通室外或安全出口，安防监控中心的疏散门可参照消防控制室疏散门设置。

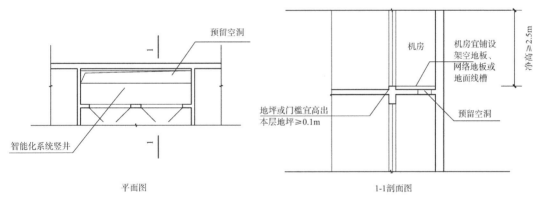

8.3.4　图示1

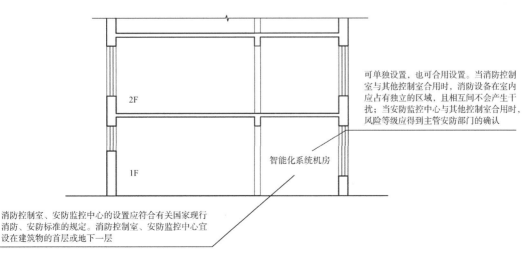

8.3.4　图示2

8.3.5 电气竖井的设置应符合下列规定：

1 电气竖井的面积、位置和数量应根据建筑物规模、使用性质、供电半径和防火分区等因素确定，每层设置的检修门应开向公共走道。电气竖井不宜与卫生间等潮湿场所相贴邻。【图示1】

2 250.0m 及以上的超高层建筑应设 2 个及以上强电竖井，宜设 2 个及以上弱电竖井。

3 电气竖井井壁、楼板及封堵材料的耐火极限应根据建筑本体耐火极限设置，检修门应采用不低于丙级的防火门。【图示1】

4 设有综合布线机柜的弱电竖井宜大于 5.0m²；采用对绞电缆布线时，其距最远端信息点的布线距离不宜大于 90.0m。

【条文说明】

8.3.5 1 电气竖井包括强电竖井和弱电竖井。电气竖井应上下贯通，位于布线中心，便于管线敷设。竖井的面积应根据各个工程在竖井内安装设备的数量及外形尺寸确定，且应考虑设备、管线的间距及操作维修距离。楼层配电室、弱电间的设置可参照执行。

高层建筑电气竖井在利用通道作为检修面积时，电气竖井的净宽度不宜小于800mm，弱电竖井的净宽度不宜小于600mm。多层建筑弱电竖井在利用通道作为检修面积时，竖井的净宽度不宜小于350mm。【图示1～图示3】

图示1 高层建筑电气竖井最小尺寸示意

注：L尺寸、门的尺寸由工程设计确定。

图示2 高层建筑智能化竖井最小尺寸示意

注：L尺寸、门的尺寸由工程设计确定。

图示3 多层建筑智能化竖井最小尺寸示意

注：L尺寸由工程设计确定。

2 为保障紧急情况下建筑物内应急设备及通信能正常运行，新增本款。

3 因建筑高度及功能不同，建筑的耐火极限要求也不同。所以电气竖井的井壁、楼板及封堵材料的耐火极限应与建筑本体的耐火极限要求一致。

4 弱电竖井内如果装置标准机柜（400个信息点以内），考虑机柜的安装维护距离，弱电竖井的使用面积需要5m²/左右。布线传输距离不超过90m的要求是针对对绞电缆的，采用光缆到桌面的用户，可根据光缆的传输要求设置。

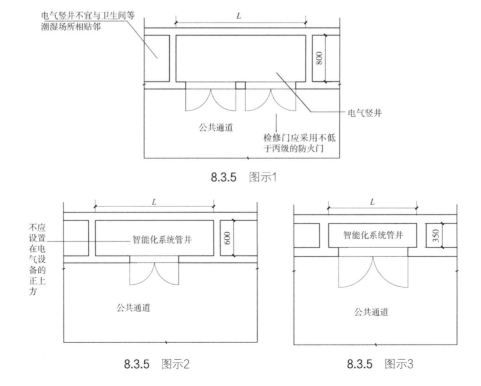

8.3.5 图示1

8.3.5 图示2

8.3.5 图示3

**8.3.6 线路敷设应符合下列规定：**

1 无关的管道和线路不得穿越和进入变电所、控制室、楼层配电室、智能化系统机房、电气竖井，与其有关的管道和线路进入时应做好防护措施。

2 有关的管道在变电所、控制室、楼层配电室、智能化系统机房、电气竖井布置时，不应设置在电气设备的正上方。风口设置应避免气流短路。

3 在楼板、墙体、柱内暗敷的电气线缆保护管其覆盖层不应小于15.0mm；在楼板、墙体、柱内暗敷的消防设备配电线缆保护管其覆盖层不应小于30.0mm。覆盖层应采用不燃性材料。【图示2】【图示3】

4 电缆桥架顶距楼板不宜小于0.3m，距梁底不宜小于0.1m。【图示4】

【条文说明】

8.3.6 1 管道主要包括水管和风管，无关的管道既不允许穿过也不允许进入。供电气专业用房（变电所、控制室、楼层配电室、智能化系统机房、电气竖井）使用的水管和风管可以进入，但应采取防止渗漏措施。进入的水管不应设有接头和阀门，且不应布置在电气设备及线路的正上方。【图示1】

注：本图为2个机柜的方案，机柜宽度以600mm为例，如采用800mm宽机柜，应相应增加弱电竖井面积。

2 对于进深较大的电气专业用房，若仅在单侧墙上同时设置送、排风口，容易存在气流短路、房间散热不好的现象。若风管伸入房间，送、回风口处于发热设备两侧，房间内能形成良好的对流，可及时带走设备散发的热量，避免设备出现因房间温度过高影响设备寿命的情况。

为避免引起电气设备短路，进入电气专业用房通风换气或降温的管道，应做好安全防护措施，并不应设置于电气设备及线路上方。

3 覆盖层为保护管外径至地面或墙面的距离。在楼板、墙体、柱内暗敷的电气线缆保护管其覆盖层不应小于15mm的安装示意见图14。

4 电缆桥架（包括梯架、托盘、槽盒）与其他专业管线或构筑物的间距应满足相关标准的要求。采用槽盒敷设时，槽盒距梁底的距离应考虑槽盒盖需打开的空间。

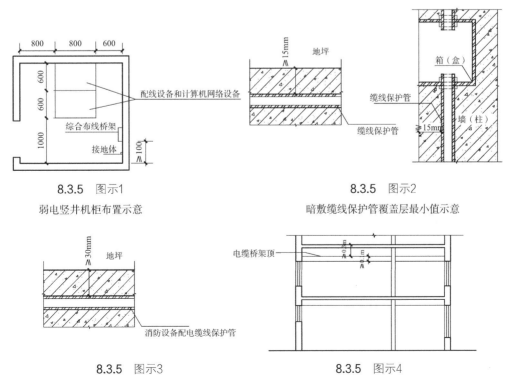

8.3.5 图示1 弱电竖井机柜布置示意

8.3.5 图示2 暗敷缆线保护管覆盖层最小值示意

8.3.5 图示3 消防设备配电缆线保护管覆盖层最小值示意

8.3.5 图示4

8.3.7　建筑物防雷接闪器的设置应符合现行国家标准《建筑物防雷设计规范》GB 50057 的规定，并应符合下列规定：

　　1　国家级重点文物保护的建筑物、高层建筑、具有爆炸危险场所的建筑物应采用明敷接闪器；【图示1～图示3】

　　2　除第1款之外的建筑物，当屋顶钢筋网以上的防水层和混凝土层需要保护时，屋顶层应采用明敷接闪网等接闪器；【图示3】

　　3　除第1款之外的建筑物，当周围有人员停留时，其女儿墙或檐口应采用明敷接闪带等接闪器。【图示4】

【条文说明】

　　8.3.7　本条文根据现行国家标准《建筑物防雷设计规范》GB 50057 的要求进行编写，接闪器包括接闪杆、接闪带、接闪线、接闪网等。

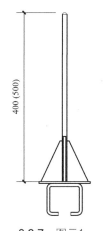

8.3.7　图示1

接闪短杆立面

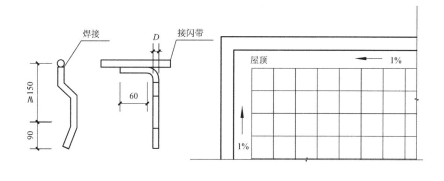

8.3.7　图示2

圆钢接闪带与圆钢固定支架连接

8.3.7　图示3

明敷接闪网

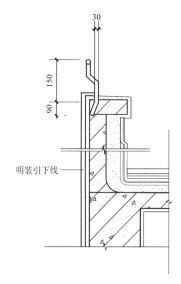

8.3.7　图示4

上人屋面女儿墙明敷接闪带

## 8.4 燃气

**8.4.1** 室外燃气管道宜埋地敷设，并应符合下列规定：

　　1 不得从建筑物和大型构筑物（不含架空建筑物和构筑物）的下面穿过；

　　2 不应穿过电力、电缆、供热和污水等地下管沟或同沟敷设，与建（构）筑物或相邻管道之间的水平和垂直净距、覆土深度等应符合现行国家标准《城镇燃气设计规范》GB 50028 的有关规定。见表 8.4.1（1）~表 8.4.1（3）。

【条文说明】

**8.4.1** 国家标准《城镇燃气设计规范》GB 50028—2006 对燃气管道覆土的规定，第 6.3.4 条：

地下燃气管道埋设的最小覆土厚度（路面至管顶）应符合下列要求：

1 埋设在机动车道下时，不得小于 0.9m。

2 埋设在非机动车车道（含人行道）下时，不得小于 0.6m。

3 埋设在机动车不可能到达的地方时，不得小于 0.3m。

4 埋设在水田下时，不得小于 0.8m。

当不能满足上述规定时，应采取有效的安全防护措施。

第 6.3.5 条：输送湿燃气的燃气管道，应埋设在土壤冰冻线以下。燃气管道坡向凝水缸的坡度不宜小于 0.003。

注：1 当次高压燃气管道压力与表中数不相同时可采用直线方程内插法确定水平净距。

2 如受地形限制不能满足，经与有关部门协商，采取有效的安全防护措施后，规定的净距，均可适当缩小，但低压管道不应影响建（构）筑物和相邻管道基础的稳固性，中压管道距建筑物基础不应小于 0.5m 且距建筑物外墙面不应小于 1m，次高压燃气管道距建筑物外墙面不应小于 3.0m。其中当对次高压 A 燃气管道采取有效的安全防护措施或当管道壁厚不小于 9.5mm 时，管道距建筑物外墙面不应小于 6.5m；当管壁厚度不小于 11.9mm 时，管道距建筑物外墙面不应小于 3.0m。

3 表 6.3.3-1 和表 6.3.3-2 规定除地下燃气管道与热力管的净距不适于聚乙烯燃气管道和钢骨架聚乙烯塑料复合管外，其他规定均适用于聚乙烯燃气管道和钢骨架聚乙烯塑料复合管道。聚乙烯燃气管道与热力管道的净距应按国家现行标准《聚乙烯燃气管道工程技术规程》CJJ63 执行。

4 地下燃气管道与电杆（塔）基础之间的水平净距，还应满足地下燃气管道与交流电力线接地体的净距规定。

地下燃气管道与建筑物、构筑物或相邻管道之间的水平净距（m） 表8.4.1（1）

| 项目 | | 地下燃气管道压力（MPa） | | | | |
| --- | --- | --- | --- | --- | --- | --- |
| | | 低压<0.01 | 中压 | | 次高压 | |
| | | | B≤0.2 | A≤0.4 | B0.8 | A1.6 |
| 建筑物 | 基础 | 0.7 | 1.0 | 1.5 | — | — |
| | 外墙面（出地面处） | — | — | — | 5.0 | 13.5 |
| 给水管 | | 0.5 | 0.5 | 0.5 | 1.0 | 1.5 |
| 污水、雨水排水管 | | 1.0 | 1.2 | 1.2 | 1.5 | 2.0 |
| 电力电缆（含电车电缆） | 直埋 | 0.5 | 0.5 | 0.5 | 1.0 | 1.5 |
| | 在导管内 | 1.0 | 1.0 | 1.0 | 1.0 | 1.5 |
| 其他燃气管道 | DN ≤ 300mm | 0.4 | 0.4 | 0.4 | 0.4 | 0.4 |
| | DN > 300mm | 0.5 | 0.5 | 0.5 | 0.5 | 0.5 |
| 热力管 | 直埋 | 1.0 | 1.0 | 1.0 | 1.5 | 2.0 |
| | 在管沟内（至外壁） | 1.0 | 1.5 | 1.5 | 2.0 | 4.0 |
| 电杆（塔）的基础 | ≤ 35kV | 1.0 | 1.0 | 1.0 | 1.0 | 1.0 |
| | > 35kV | 2.0 | 2.0 | 2.0 | 5.0 | 5.0 |
| 通信照明电杆（至电杆中心） | | 1.0 | 1.0 | 1.0 | 1.0 | 1.0 |
| 铁路路堤坡脚 | | 5.0 | 5.0 | 5.0 | 5.0 | 5.0 |
| 有轨电车钢轨 | | 2.0 | 2.0 | 2.0 | 2.0 | 2.0 |
| 街树（至树中心） | | 0.75 | 0.75 | 0.75 | 1.2 | 1.2 |

地下燃气管道与构筑物或相邻管道之间垂直净距（m）　　　　　　表8.4.1（2）

| 给水管、排水管或其他燃气管道 | | 0.15 |
|---|---|---|
| 热力管、热力管的管沟底（或顶） | | 0.15 |
| 电缆 | 直埋 | 0.50 |
| | 在导管内 | 0.15 |
| 铁路（轨底） | | 1.20 |
| 有轨电车（轨底） | | 1.20 |

地下燃气管道与交流电力线接地体的净距（m）　　　　　　表8.4.1（3）

| 电压等级（kV） | 10 | 35 | 110 | 220 |
|---|---|---|---|---|
| 铁塔或电杆接地体 | 1 | 3 | 5 | 10 |
| 电站或变电所接地体 | 5 | 10 | 15 | 30 |

**8.4.2** 燃气管道采用室外架空敷设时，应符合下列规定：

　　1 可沿建筑物外墙或屋面敷设；【图示1】

　　2 中压燃气管道，可沿耐火等级不低于二级的居住建筑或公共建筑的外墙敷设，该建筑外墙的耐火极限不得低于2.5h；【图示2】

　　3 燃气管道距居住建筑或公共建筑物非用气房间门、窗洞口的水平净距，中压管道不宜小于0.5m，低压管道不宜小于0.3m。【图示3】

【条文说明】

　　8.4.2 沿建筑外墙敷设燃气管道时，该建筑的耐火等级不应低于二级，如果燃气管道支柱独立设置时，建筑物的耐火等级不限。

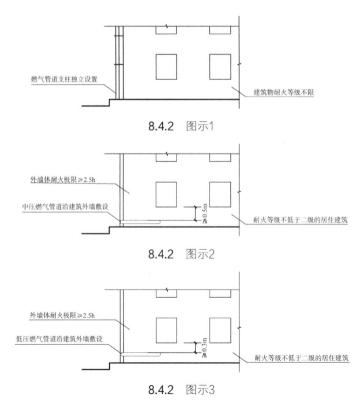

燃气管道支柱独立设置

建筑物耐火等级不限

8.4.2 图示1

外墙体耐火极限≥2.5h

中压燃气管道沿建筑外墙敷设

≥0.5m

耐火等级不低于二级的居住建筑

8.4.2 图示2

外墙体耐火极限≥2.5h

低压燃气管道沿建筑外墙敷设

≥0.3m

耐火等级不低于二级的居住建筑

8.4.2 图示3

**8.4.3**  区域燃气调压站（箱）可设置于地上或地下，与建筑物的水平净距应符合现行国家标准《城镇燃气设计规范》GB 50028 的有关规定。见表 8.4.3。

注：1  当调压装置露天设置时，则指距离装置的边缘；
 2  当建筑物（含重要公共建筑）的某外墙为无门、窗洞口的实体墙，且建筑物耐火等级不低于二级时，燃气进口压力级别为中压 A 或中压 B 的调压柜一侧或 两侧（非平行），可贴靠上述外墙设置；
 3  当达不到上表净距要求时，采取有效措施，可适当缩小净距。

调压站（含调压柜）与其他建筑物、构筑物的水平净距（m）                表8.4.3

| 设置形式 | 调压装置入口燃气压力级制 | 建筑物外墙面 | 重要公共建筑、一类高层民用建筑 | 铁路（中心线） | 城镇道路 | 公共电力变配电柜 |
|---|---|---|---|---|---|---|
| 地上单独建筑 | 高压（A） | 18.0 | 30.0 | 25.0 | 5.0 | 6.0 |
|  | 高压（B） | 13.0 | 25.0 | 20.0 | 4.0 | 6.0 |
|  | 次高压（A） | 9.0 | 18.0 | 15.0 | 3.0 | 4.0 |
|  | 次高压（B） | 6.0 | 12.0 | 10.0 | 3.0 | 4.0 |
|  | 中压（A） | 6.0 | 12.0 | 10.0 | 2.0 | 4.0 |
|  | 中压（B） | 6.0 | 12.0 | 10.0 | 2.0 | 4.0 |
| 调压柜 | 次高压（A） | 7.0 | 14.0 | 12.0 | 2.0 | 4.0 |
|  | 次高压（B） | 4.0 | 8.0 | 8.0 | 2.0 | 4.0 |
|  | 中压（A） | 4.0 | 8.0 | 8.0 | 1.0 | 4.0 |
|  | 中压（B） | 4.0 | 8.0 | 8.0 | 1.0 | 4.0 |
| 地下单独建筑 | 中压（A） | 3.0 | 6.0 | 6.0 | — | 3.0 |
|  | 中压（B） | 3.0 | 6.0 | 6.0 | — | 3.0 |
| 地下调压箱 | 中压（A） | 3.0 | 6.0 | 6.0 | — | 3.0 |
|  | 中压（B） | 3.0 | 6.0 | 6.0 | — | 3.0 |

**8.4.4**  楼栋调压箱或专用调压装置可悬挂在耐火等级不低于二级的居住建筑的外墙上，外墙体的耐火极限不得小于 2.5h。【图示】

01R415 室内动力管道装置安装（热力管道）
05R502 燃气工程设计施工

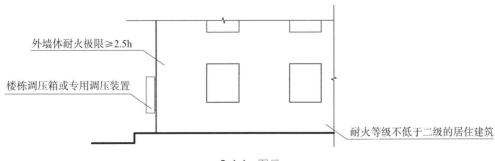

8.4.4  图示

8.4.5 当调压装置进口压力不大于 0.4MPa，且调压器进出口管径不大于 *DN*100 时，可设置在用气建筑物的平屋顶上，并应符合下列规定：

 1 应在屋顶承重结构受力允许的条件下，且该建筑物耐火等级不得低于二级；【图示】

 2 调压箱（或露天调压装置）与建筑物烟囱的水平净距不应小于 5.0m。【图示】

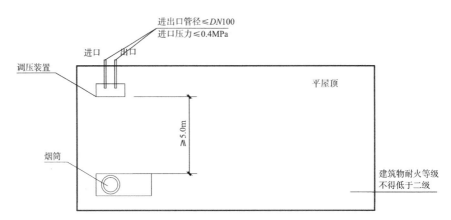

8.4.5 图示

8.4.6 燃气表、用户调压器的设置，应符合下列规定：

 1 应设置在不燃或难燃墙体上，且应设置在通风良好和便于安装、查表的地方；【图示 1】

 2 住宅建筑燃气表及用户调压器可安装在厨房内，也可设置在户门外的表箱或表间内；【图示 1】

 3 公共建筑燃气表应集中布置在单独房间内，当设有专用调压室时，可与调压器同室布【图示 2】

 4 不应设置在有电源、电器开关及其他电气设备的管道井内。【图示 1】

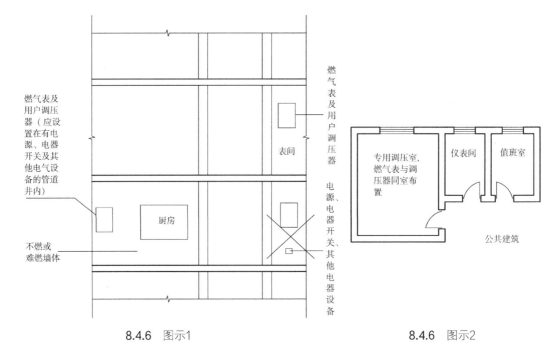

8.4.6 图示1                    8.4.6 图示2

**8.4.7** 液化石油气和相对密度大于 0.75 的燃气调压计量装置及管道、燃具、用气设备等设施不得设于地下室、半地下室等地下空间。【图示】

【条文说明】

8.4.7　地下室、半地下室通风不良，液化石油气的密度比空气重，在低于地面的地下室和半地下室输送和使用时，泄漏的液化石油气很容易在地下聚积，故作此规定。

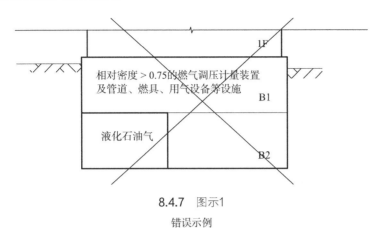

8.4.7　图示 1

错误示例

**8.4.8** 当采用液化石油气瓶组自然气化，总容积小于等于 1.0m³ 时，瓶组间可设置在与建筑物（高层建筑、重要公共建筑和居住建筑除外）外墙毗连的单层专用房间内，单层专用房间应符合下列规定：

　　1　建筑物耐火等级不得低于二级；【图示】

　　2　应通风良好，且应有直通室外的门；【图示】

　　3　与其他毗邻房间的墙应为防火墙，且不得设置任何洞口；【图示】

　　4　室温不应高于 45℃，且不应低于 0℃；【图示】

　　5　与其他建筑的防火间距应符合国家现行相关标准的规定。见表 8.4.8。

【条文说明】

8.4.8　5　国家标准《液化石油气供应工程设计规范》GB 51142—2015 第 7.0.4 条，独立瓶组间与建筑的防火间距应符合表 8.4.8 的规定。

注：钢瓶总容积应按配置气瓶个数与单瓶几何容积的乘积计算。

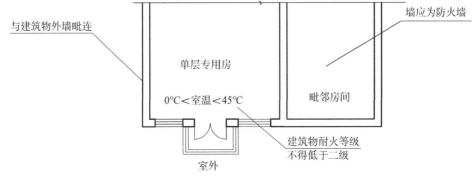

8.4.8　图示

独立瓶组间与建筑的防火间距 表8.4.8

| 项目 | 钢瓶总容积（$V$, m²） | |
| :---: | :---: | :---: |
| | $V \leqslant 2$ | $2 < V \leqslant 4$ |
| 明火、散发火花地点 | 25 | 30 |
| 重要公共建筑、一类高层民用建筑 | 15 | 20 |
| 其他民用建筑 | 10 | 12 |
| 道路（路边）　主要 | 10 | 10 |
| 道路（路边）　次要 | 5 | 5 |

> **8.4.9** 当瓶组气化站配置气瓶的总容积超过 1.0m³ 或采用强制气化时，应独立设置在高度不低于 2.2m 的专用房间内。专用房间与其他建（构）筑物的防火间距应符合国家现行相关标准的规定。见表 8.4.9。

注：1　气瓶总容积应按配置气瓶个数与单瓶几何容积的乘积计算。

2　当瓶组间的气瓶总容积大于 4m² 时，宜采用储罐，其防火间距按《城镇燃气设计规范》GB 50028—2006 第 8.4.3 和 8.4.4 条的有关规定执行。

3　瓶组间、气化间与值班室的防火间距不限。当两者毗连时，应采用无门、窗洞口的防火墙隔开。

独立瓶组间与建（构）筑物的防火间距（m） 表8.4.9

| 项目 | 气瓶总容积（m³） | |
| :---: | :---: | :---: |
| | $\leqslant 2$ | $> 2 \sim \leqslant 4$ |
| 明火、散发火花地点 | 25 | 30 |
| 民用建筑 | 8 | 10 |
| 重要公共建筑、一类高层民用建筑 | 15 | 20 |
| 道路（路边）　主要 | 10 | |
| 道路（路边）　次要 | 5 | |

> **8.4.10**　商业和公共建筑用户使用的气瓶组严禁与燃具布置在同一房间内。【图示】

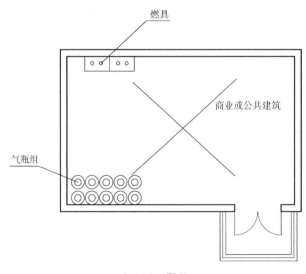

8.4.10　图示

**8.4.11**　在室内设置的燃气管道和阀门应符合下列规定：【图示】

　　1　燃气管道宜设置在厨房、生活阳台等通风良好的场所；引入管的阀门可设置在公共空间，并应方便操作和检修；

　　2　燃气管道不得穿过防火墙；当必须穿过时，应采取必要的防护措施；

　　3　严禁设置在居室和卫生间；

　　4　不得设置在人防工程和避难场所，以及非用燃气的人员密集场所；

　　5　不得设置在建筑中的避难间、电梯间、非开敞的楼梯间及其消防前室；

　　6　不得穿过电力、电缆、供暖和污水等地下管沟或同沟、同井敷设；

　　7　不得穿过烟道、进风道和垃圾道；

　　8　不得设置在易燃或易爆品的仓库、有腐蚀性介质的房间、发电间、变配电室等非用燃气的设备用房。

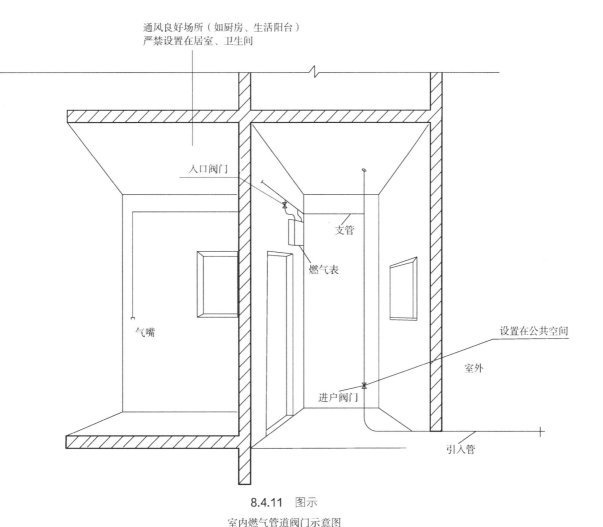

8.4.11　图示

室内燃气管道阀门示意图

**8.4.12** 燃气管道宜明设。当暗埋和暗封燃气管道时，应符合现行国家标准《城镇燃气技术规范》GB 50494 和《城镇燃气设计规范》GB 50028 的有关规定。【图示】

【条文说明】

8.4.12 国家标准《城镇燃气技术规范》GB 50494—2009 中规定："暗埋的用户燃气管道的设计使用年限不应小于 50 年"，当暗埋燃气管道不能更换时，应与埋设建筑同寿命。

注：摘自《城镇燃气设计规范》GB 50028—2006。

10.2.31 住宅内暗埋的燃气支管应符合下列要求：

暗埋部分不宜有接头，且不应有机械接头。暗埋部分宜有涂层或覆塑等防腐蚀措施。

暗埋的管道应与其他金属管道或部件绝缘，暗埋的柔性管道宜采用钢盖板保护。

暗埋管道必须在气密性试验合格后覆盖。

覆盖层厚度不应小于 10mm。

覆盖层面上应有明显标志，标明管道位置，或采取其他安全保护措施。

10.2.32 住宅内暗封的燃气支管应符合下列要求：

暗封管道应设在不受外力冲击和暖气烘烤的部位。

暗封部位应可拆卸，检修方便，并应通风良好。

10.2.34 民用建筑室内燃气水平干管，不得暗埋在地下土层或地面混凝土层内。

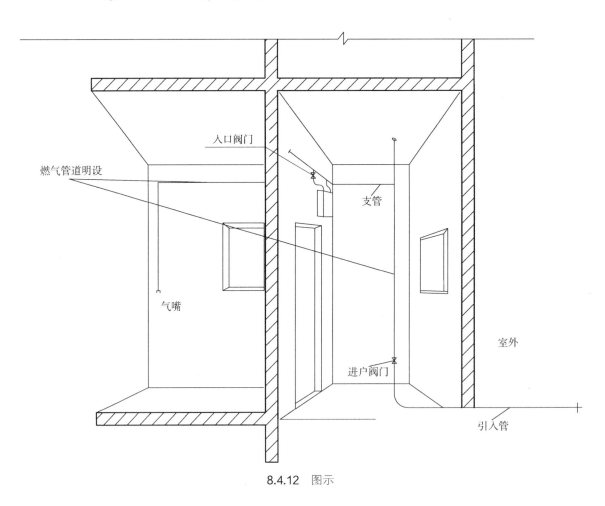

8.4.12 图示

**8.4.13  燃气管道竖井应符合下列规定：**

　　**1  竖井的底部和顶部应直接与大气相通；【图示 1】**

　　**2  管道竖井的墙体应为耐火极限不低于 1.0h 的不燃烧体，井壁上的检查门应采用丙级防火门。【图示 2】**

【条文说明】

8.4.13  竖井的底部和顶部应直接与大气相通，其目的是保证日常运行时，不产生燃气聚积。

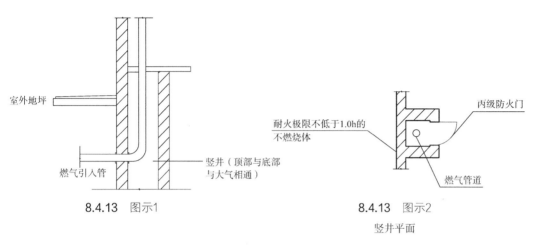

8.4.13  图示1

8.4.13  图示2
竖井平面

**8.4.14  居住建筑使用燃具的厨房或设备间应符合下列规定：**

　　**1  净高度不应低于 2.2m，并应有良好的自然通风；【图示 1】**

　　**2  应与居室分隔，且不得向卧室开敞。【图示 2】**

【条文说明】

8.4.14  1  房间净高不低于 2.2m，为吸油烟机和壁挂式热水器安装的最低要求，房间通风良好，其换气次数 $n \geqslant 3$ 次 /h。

　　2  设隔断门与居室隔开，防止泄漏的燃气和烟气进入居住房间。

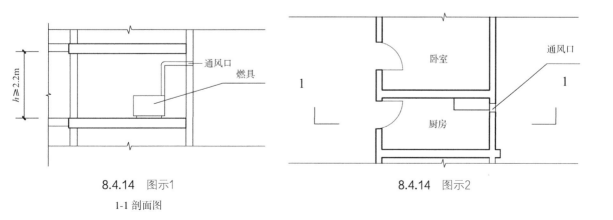

8.4.14  图示1
1-1 剖面图

8.4.14  图示2

**8.4.15** 居住建筑的燃具燃烧烟气宜通过竖向烟道排至室外，且不得与使用固体燃料的设备共用一套排烟设施。【图示】

【条文说明】

8.4.15 燃煤住宅应设置竖向烟道，依据国家标准《住宅设计规范》GB 50096—2011 第 8.5.4 条。

燃气住宅宜设置竖向排气道，依据国家标准《住宅设计规范》GB 50096—2011 第 6.8.1 条。

燃气住宅应设置竖向烟道，依据国家标准《城镇燃气设计规范》GB 50028—2006 第 10.7.2 条第 1 款。

竖向烟道能避免烟气低空污染。

竖向烟道按结构分为独立烟道（低层住宅用）和共用烟道（多层和高层住宅用）2 种，按功能分为排气道（敞开式燃具用，如：灶具）、排烟道（半密闭式燃具用，如：热水器）和给排气烟道（密闭式燃具用，如：热水器和供暖热水炉）3 种（详见行业标准《家用燃气燃烧器具安装及验收规程》CJJ 12—2013）。

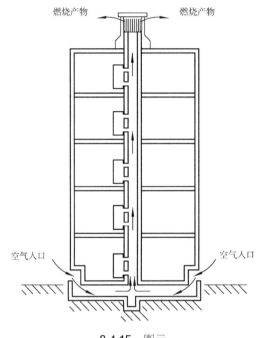

8.4.15 图示

倒 T 形烟道结构示意图

**8.4.16** 高层民用建筑内使用燃气应采用管道供气。【图示】

8.4.16 图示

高层建筑标准层平面图

**8.4.17 公共建筑中燃具的设置应符合下列规定：**

1 燃具设置在地下室、半地下室（液化石油气除外）和地上无自然通风房间等场所时，应设置机械通风设施和独立的事故排风设施，通风量应符合下列规定：

1）正常工作时，换气次数不应小于 6 次 /h；事故通风时，换气次数不应小于 12 次 /h；不工作时，换气次数不应小于 3 次 /h；【图示 1】

2）当燃烧所需的空气由室内吸取时，应满足燃烧所需的空气量。

2 燃具燃烧的烟气宜通过竖向烟道排至室外。【图示 2】

**【条文说明】**

8.4.17 本条规定了公共建筑中商用燃具设置的要求。

1 地下室、半地下室或地上密闭房间通风差，故要求设置机械通风；当发生燃气泄漏时，在室内可能聚积易燃易爆的混合气体，所以应设置独立的事故排风设施。

2 商用燃具一般为连续运行，热负荷大，排烟量大，故应通过竖向烟道排放。

商用燃具主要指大锅灶和中餐炒菜灶等燃气燃烧器具。

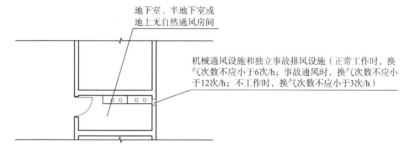

8.4.17 图示1

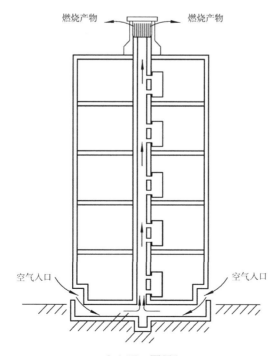

8.4.17 图示2

倒 T 形烟道结构示意图

8.4.18 公共建筑燃气直燃机、燃气锅炉等大型燃气用气设备的排烟应符合下列规定:

　　1 用气设备宜采用单独烟道;当多台设备合用烟道时,应保证排烟时互不影响;【图示1】【图示2】

　　2 应设有防止倒风的装置。【图示3】

【条文说明】

8.4.18 公共建筑中的用气设备主要是指燃气锅炉和燃气直燃机等大型燃气燃烧设备。

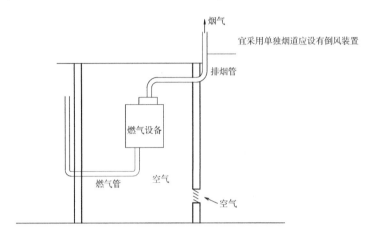

8.4.18　图示1

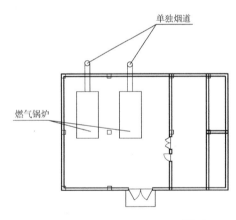

8.4.18　图示2

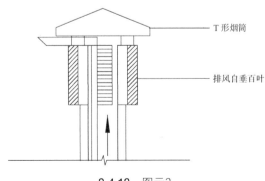

8.4.18　图示3

倒风装置

# 本标准用词说明

1 为便于在执行本标准条文时区别对待，对要求严格程度不同的用词说明如下：

  1）表示很严格，非这样做不可的：

  正面词采用"必须"，反面词采用"严禁"；

  2）表示严格，在正常情况下均应这样做的：

  正面词采用"应"，反面词采用"不应"或"不得"；

  3）表示允许稍有选择，在条件许可时首先应这样做的：

  正面词采用"宜"，反面词采用"不宜"；

  4）表示有选择，在一定条件下可以这样做的，采用"可"。

2 条文中指明应按其他有关标准执行的写法为："应符合……的规定"或"应按……执行"。

# 参考文献

[1] 中华人民共和国国家标准.建筑模数协调标准 GB/T 50002—2013[S]. 北京:中国建筑工业出版社,2014.

[2] 中华人民共和国国家标准.建筑结构荷载规范 GB 50009—2012[S]. 北京:中国建筑工业出版社,2012.

[3] 中华人民共和国国家标准.建筑设计防火规范 GB 50016—2014[S]. 北京:中国计划出版社,2015.

[4] 中华人民共和国国家标准.城镇燃气设计规范 GB 50028—2006[S]. 北京:中国建筑工业出版社,2006.

[5] 中华人民共和国国家标准.建筑采光设计标准 GB/T 50033—2013[S]. 北京:中国建筑工业出版社,2013.

[6] 中华人民共和国国家标准.建筑照明设计标准 GB 50034—2013[S]. 北京:中国建筑工业出版社,2014.

[7] 中华人民共和国国家标准.锅炉房设计规范 GB 50041—2008[S]. 北京:中国计划出版社,2008.

[8] 中华人民共和国国家标准.建筑物防雷设计规范 GB 50057—2010[S]. 北京:中国计划出版社,2011.

[9] 中华人民共和国国家标准.建筑结构可靠性设计统一标准 GB 50068—2018[S]. 北京:中国建筑工业出版社,2019.

[10] 中华人民共和国国家标准.住宅设计规范 GB 50096—2011[S]. 北京:中国建筑工业出版社,2012.

[11] 中华人民共和国国家标准.地下工程防水技术规范 GB 50108—2008[S]. 北京:中国计划出版社,2009.

[12] 中华人民共和国国家标准.民用建筑隔声设计规范 GB 50118—2010[S]. 北京:中国建筑工业出版社,2010.

[13] 中华人民共和国国家标准.民用建筑热工设计规范 GB 50176—2016[S]. 北京:中国建筑工业出版社,2017.

[14] 中华人民共和国国家标准.民用建筑工程室内环境污染控制规范 GB 50325—2010[S]. 北京:中国计划出版社,2011.

[15] 中华人民共和国国家标准.城镇燃气技术规范 GB 50494—2009[S]. 北京:中国建筑工业出版社,2009.

[16] 中华人民共和国国家标准.无障碍设计规范 GB 50763—2012[S]. 北京:中国建筑工业出版社,2012.

[17] 中华人民共和国行业标准.车库建筑设计规范 JGJ 100—2015[S]. 北京:中国建筑工业出版社,2015.

[18] 中国建筑标准设计研究院.给水排水构筑物设计选用图(水池、水塔、化粪池、小型排水构

筑物）07S906，北京：中国计划出版社，2007.

[19] 中国建筑标准设计研究院.太阳能集中热水系统选用与安装 15S128，北京：中国计划出版社，2015.

[20] 中国建筑标准设计研究院.热水器选用及安装 08S126，北京：中国计划出版社，2008.

[21] 中国建筑标准设计研究院.太阳能集热系统设计与安装 06K503，北京：中国计划出版社，2006.

[22] 中国建筑标准设计研究院.居住建筑卫生间同层排水系统安装 19S306，北京：中国计划出版社，2019.

[23] 中国建筑标准设计研究院.建筑中水处理工程（二）08SS703-2，北京：中国计划出版社，2008.

[24] 中国建筑标准设计研究院.海绵型建筑与小区雨水控制及利用 17S705，北京：中国计划出版社，2017.

[25] 中国建筑标准设计研究院.《消防给水及消火栓系统技术规范》图示 15S909，北京：中国计划出版社，2015.

[26] 中国建筑标准设计研究院.装配式箱泵一体化消防给水泵站选用及安装——MX 智慧型泵站 18CS01，北京：中国计划出版社，2018.

[27] 中国建筑标准设计研究院.室内动力管道装置安装（热力管道）01R415，北京：中国计划出版社，2001.

[28] 中国建筑标准设计研究院.燃气工程设计施工 05R502，北京：中国计划出版社，2005.

[29] 中华人民共和国国家标准.城市居住区规划设计标准 GB 5018—2018[S].北京：中国建筑工业出版社，2018.

[30] 中华人民共和国行业标准.城市道路工程设计规范 CJJ 37—2012[S].北京：中国建筑工业出版社，2016.

[31] 中华人民共和国住房和城乡建设部.城市公共停车场工程项目建设标准 建标 128-2010[S].北京：中国计划出版社，2010.

[32] 中华人民共和国行业标准.城乡建设用地竖向规划规范 CJJ 83—2016[S].北京：中国建筑工业出版社，2016.

[33] 中华人民共和国国家标准.防洪标准 GB 50201—2014[S].北京：中国计划出版社，2015.

[34] 中华人民共和国国家标准.屋面工程技术规范 GB 50345—2012[S].北京：中国建筑工业出版社，2012.

[35] 中华人民共和国国家标准.坡屋面工程技术规范 GB 50693—2011[S].北京：中国建筑工业出版社，2012.

[36] 中华人民共和国国家标准.压型金属板工程应用技术规范 GB 50896—2013[S].北京：中国计划出版社，2014.

[37] 中华人民共和国国家标准.种植屋面工程技术规程 JGJ 155—2013[S].北京：中国建筑工业出版社，2013.

[38] 山西省建筑标准设计办公室.《12 系列建筑标准设计图集》2012[S].北京：中国建材工业出版社，2013.

[39]　李必瑜、魏宏杨、覃琳.建筑构造上册 [M].北京：中国建筑工业出版社，2013.

[40]　李必瑜、魏宏杨、覃琳.建筑构造下册 [M].北京：中国建筑工业出版社，2013.

[41]　孟聪龄、石谦飞.建筑设计规范应用 [M].北京：中国建筑工业出版社，2008.

[42]　张文忠.公共建筑设计原理（第四版）[M].北京：中国建筑工业出版社，2008.

[43]　中华人民共和国国家标准.城市道路交通规划设计规范 GB 50220—95[S].1995.

[44]　中华人民共和国国家标准.城市道路交叉口规划规范 GB 50647—2011[S].北京：中国计划出版社，2012.

[45]　中华人民共和国国家标准.城市用地分类与规划建设用地标准 GB 50137—2011[S].北京：中国建筑工业出版社，2012.

[46]　中华人民共和国行业标准.城市人行天桥与人行地道技术规范 CJJ 69-95[S].1996.

[47]　中华人民共和国国家标准.铝合金门窗 GB/T 8478—2008[S].北京：中国标准出版社，2008.

[48]　中华人民共和国行业标准.建筑玻璃应用技术规程 JGJ 113—2015[S].北京：中国建筑工业出版社，2016.

[49]　中华人民共和国行业标准.玻璃幕墙工程技术规范 JGJ 102—2003，北京：中国建筑工业出版社，2003.

[50]　中华人民共和国行业标准.金属与石材幕墙工程技术规范 JGJ 133—2001，北京：中国建筑工业出版社，2001.

[51]　中华人民共和国行业标准.人造板材幕墙工程技术规范 JGJ 336—2016，北京：中国建筑工业出版社，2016.

[52]　中华人民共和国国家标准.建筑地面设计规范 GB 50037—2013，北京：中国计划出版社，2014.

[53]　中华人民共和国行业标准.建筑地面工程防滑技术规程 JGJ/T 331—2014，北京：中国建筑工业出版社，2014.

[54]　中华人民共和国行业标准.塑料门窗及型材功能结构尺寸 JG/T 176—2015，北京：中国质检出版社，2015.

[55]　中华人民共和国行业标准.地面石材防滑性能等级划分及试验方法 JC/T 1050—2007，北京：中国建材工业出版社，20070.

[56]　中华人民共和国国家标准.消防给水及消火栓系统技术规范 GB 50974—2014，北京：中国计划出版社，2014.

[57]　中华人民共和国国家标准.城镇给水排水技术规范 GB 50788—2012，北京：中国建筑工业出版社，2012.

[58]　中华人民共和国国家标准.建筑给水排水设计规范 GB 50015—2019，北京：中国计划出版社，2020.

[59]　中华人民共和国行业标准.节水型生活用水器具 CJ/T 164—2014，北京：中国标准出版社，2018

[60]　中华人民共和国国家标准.节水型产品通用技术条件 GB/T 18870—2002，北京：中国标准出版社，2012.

[61]　中华人民共和国行业标准.博物馆建筑设计规范 JGJ 66—2015，北京：中国建筑工业出版社，2016.

[62]　中华人民共和国行业标准.档案馆建筑设计规范 JGJ 25—2010，北京：光明日报出版社，2010.

[63] 中华人民共和国行业标准.图书馆建筑设计规范 JGJ 38—2015[S].北京:中国建筑工业出版社,2015.

[64] 中华人民共和国国家标准.供暖通风与空气调节术语标准 GB/T 50155—2015[S].北京:中国建筑工业出版社,2015.

[65] 中华人民共和国国家标准.20kV 及以下变电所设计规范 GB 50053—2013[S].北京:中国计划出版社,2014.

[66] 中华人民共和国国家标准.智能建筑设计标准 GB 50314—2015[S].北京:中国计划出版社,2015.

[67] 中华人民共和国国家标准.城镇燃气设计规范 GB 50028—2006[S].北京:中国建筑工业出版社,2006.

[68] 中华人民共和国行业标准.聚乙烯燃气管道工程技术标准 CJJ 63—2018[S].北京:中国建筑工业出版社,2019.

[69] 中华人民共和国国家标准.液化石油气供应工程设计规范 GB 51142—2015[S].北京:中国建筑工业出版社,2016.

[70] 中华人民共和国行业标准.家用燃气燃烧器具安装及验收规程 CJJ 12—2013[S].北京:中国建筑工业出版社,2014.

[71] 中华人民共和国国家标准.厅堂扩声系统设计规范 GB 50371—2006[S].北京:中国计划出版社,2006.

[72] 中华人民共和国国家标准.建筑工程建筑面积计算规范 GB/T 50353—2013[S].北京:中国计划出版社,2014.

[73] 中华人民共和国国家标准.建筑气候区划标准 GB 50178—1993[S].北京:中国计划出版社,1994.

[74] 中华人民共和国民政部、中国建筑标准设计研究院有限公司,城市社区应急避难场所建设标准 建标 180-2017[S].北京:中国计划出版社,2017.

[75] 朱昌廉、魏宏杨、龙灏.住宅建筑设计原理(第三版)[M].北京:中国建筑工业出版社,2011.

[76] 黎志涛.一级注册建筑师考试建筑方案设计(作图)应试指南 [M].北京:中国建筑工业出版社,2016.

建工出版社微信

建知云服务

责任编辑：万 李 张 磊
封面设计：雅盈中佳

ISBN 978-7-112-24936-7

经销单位：各地新华书店、建筑书店
网络销售：本社网址 http://www.cabp.com.cn
　　　　　中国建筑出版在线 http://www.cabplink.com
　　　　　中国建筑书店 http://www.china-building.com.cn
　　　　　本社淘宝天猫商城 http://zgjzgycbs.tmall.com
　　　　　博库书城 http://www.bookuu.com
图书销售分类：建筑学（A20）

（37323）定价：59.00元